U0394477

CAXA 电子图板与 CAXA 数控车

主　编　朱丽军　郑小海　左立浩
副主编　李红波　王震宇　毛江华
参　编　李　萍　毛世征　王继文　何丽丽
　　　　丁艳茹　沈　丹　周正国　邓永华
　　　　蔡伍军　雷振国　张　凯　郭　剑
　　　　宋乾坤　张志帅　张　飞
主　审　朱立新

机械工业出版社

本书以基础、全面、系统及突出技能培养为主要特点，详细介绍了 CAXA 电子图板和 CAXA 数控车的各种基本操作、技巧、常用功能及应用实例。本书内容由浅入深，循序渐进，覆盖面广。书中实例丰富、典型，实用性强。本书练习题由全国大学生网络模拟设计大赛组委会提供。

本书既可作为高职高专、中职中专的教材，也可供相关行业岗位培训使用。

图书在版编目（CIP）数据

CAXA 电子图板与 CAXA 数控车/朱丽军，郑小海，左立浩主编．—北京：机械工业出版社，2012.6（2022.9 重印）
ISBN 978-7-111-37907-2

Ⅰ.①C… Ⅱ.①朱…②郑…③左… Ⅲ.①自动绘图–软件包–高等职业教育–教材②数控机床–计算机辅助设计–软件包–高等职业教育–教材 Ⅳ.①TP391.72②TG659－39

中国版本图书馆 CIP 数据核字（2012）第 168728 号

机械工业出版社（北京市百万庄大街 22 号　邮政编码 100037）
策划编辑：孔　劲　责任编辑：孔　劲　牟桂玲
版式设计：霍永明　责任校对：张　媛
封面设计：赵颖喆　责任印制：邸　敏
北京盛通商印快线网络科技有限公司印刷
2022 年 9 月第 1 版第 11 次印刷
169mm×239mm · 13.5 印张 · 275 千字
标准书号：ISBN 978-7-111-37907-2
定价：28.00 元

电话服务　　　　　　　　　网络服务
客服电话：010-88361066　机 工 官 网：www.cmpbook.com
　　　　　010-88379833　机 工 官 博：weibo.com/cmp1952
　　　　　010-68326294　金 　书 　网：www.golden-book.com
封底无防伪标均为盗版　机工教育服务网：www.cmpedu.com

前　言

CAXA 电子图板 2011 打造了全新的软件开发平台，依据我国机械设计的国家标准和使用习惯，提供专业的绘图工具和辅助设计工具，通过简单的绘图操作，能将新品研发、改型设计等工作迅速完成，大大提升了操作者的专业设计能力。

CAXA 数控车是全国数控大赛指定软件，也是全国数控工艺员职业资格培训指定使用软件。其高效易学，具有卓越的数控加工工艺性能和完善的外部数据接口。

本书由长期在一线从事教学并多次带领学生参加全国数控大赛的几位老师共同编写。以基础、全面、系统及突出技能培养为主要原则，详细地介绍了 CAXA 电子图板和 CAXA 数控车的各种基本操作、技巧、常用功能及应用实例。全书共分为 8 章。第 1~6 章主要介绍了 CAXA 电子图板的基本操作和应用实例，第 7、8 章主要介绍了 CAXA 数控车的基本操作和应用实例。

本书内容由浅入深，循序渐进，覆盖面广，包含三视图、装配图、复杂零件自动编程等知识。书中实例丰富、典型、实用性强。本书大部分练习题为全国大学生网络模拟大赛和全国数控大赛练习题。

本书由开封市高级技工学校朱丽军、中信重工高级技工学校郑小海、襄阳技师学院左立浩主编，其他参与编写、校对工作的还有李红波、王震宇、毛江华、李萍、毛世征、王继文、何丽丽、丁艳茹、沈丹、周正国、邓永华、蔡伍军、雷振国、张凯、郭剑、宋乾坤、张志帅、张飞等，由朱立新主审。

本书在编写过程中，参考了许多同类型书籍，并在数控加工网站和论坛上得到许多网友的无私帮助，在这里一并表示感谢。

由于编者水平有限，加上时间仓促，书中存在的疏漏和不妥之处在所难免，敬请广大读者批评指正。

编　者

目　　录

第 2 部分　CAXA 数控车 2011 软件加工部分

第 1 部分　CAXA 电子图板部分

第 1 章　界面介绍

【提示】　本章主要介绍操作界面以及快捷键。操作者界面是交互式绘图软件与操作者进行信息交流的中介。系统通过界面反映当前信息状态或将要执行的操作，操作者按照界面提供的信息作出判断，并经由输入设备进行下一步的操作。因此，操作者界面被认为人机对话的桥梁。

【目标】　了解操作者界面的各部分功能，掌握快捷键的用法，为以后提高作图速度作准备。

1.1　操作者界面的风格

电子图板的操作者界面包括两种风格：最新的 Fluent 风格界面和经典界面。Fluent 风格界面主要使用功能区、快速启动工具栏和菜单按钮访问常用命令。经典风格界面主要通过主菜单和工具栏访问常用命令。这两种界面如图 1-1 和图 1-2

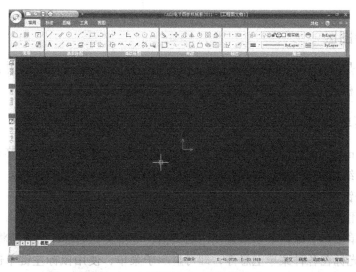

图 1-1　电子图板 Fluent 风格界面

所示。

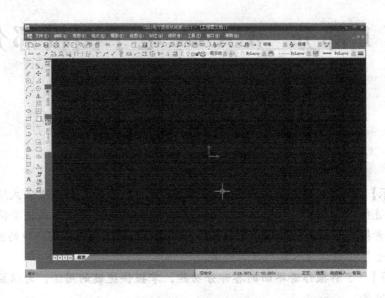

图 1-2　电子图板经典界面

在 Fluent 风格界面的功能区中单击【视图选项卡】→【界面操作面板】→【改变界面风格】，或在主菜单中单击【工具】→【界面操作】→【切换】，就可以在 Fluent 界面和经典界面中进行切换。该功能的快捷键为〈F9〉。

1.2　Fluent 界面风格介绍

1.2.1　绘图区

绘图区是操作者进行绘图设计的工作区域。它位于屏幕的中心，并占据了屏幕的大部分面积。广阔的绘图区为显示全图提供了清晰的空间。

1.2.2　菜单按钮

在 Fluent 界面中，可以使用菜单按钮调出主菜单。Fluent 界面主菜单的主要应用方式与传统的主菜单相同。菜单按钮如图 1-3 所示。

菜单按钮的使用方法如下。

1）使用鼠标左键单击菜单按钮，调出 Fluent 界面中的主菜单。

2）菜单按钮上默认显示最近使用的文档，单击文档名称即可直接将其打开。

3）将光标在各种菜单上悬停，即可显示子菜单，使用鼠标左键单击即可执行相应的子菜单命令。

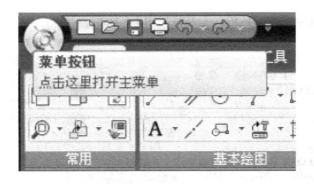

图 1-3　电子图板的菜单按钮

1.2.3　主菜单

电子图板在经典界面中仍然保留有传统的主菜单。主菜单通过下拉菜单-扩展菜单的形式提供了电子图板绝大多数命令的功能入口。

电子图板的主菜单位于屏幕的顶部，它由一行菜单条及其子菜单组成，包括：【文件】、【编辑】、【视图】、【格式】、【幅面】、【绘图】、【标注】、【修改】、【工具】、【窗口】、【帮助】等菜单项。单击任意一个菜单项（如【格式】），都会弹出它的子菜单。单击子菜单中的某个图标即可执行对应的命令。主菜单如图 1-4 所示。

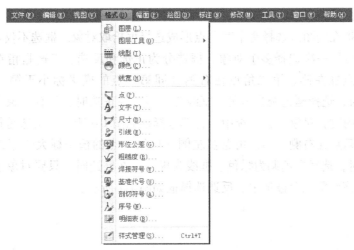

图 1-4　主菜单

1.2.4　工具栏

工具栏也是很经典的交互工具。利用工具栏，可以在电子图板界面中通过单击功能图标按钮直接调用功能。可以自定义工具栏的位置和确定其是否显示在界面上，也可以建立全新的工具栏。工具栏如图 1-5 所示。

图 1-5　工具栏

1.3　拾取对象

1. 点选

　　点选是指将光标移动到对象内的线条或实体上，单击鼠标左键，该实体会直接处于被选中状态。

2. 框选

　　框选是指在绘图区选择两个对角点形成选择框拾取对象。框选不仅可以选择单个对象，还可以一次选择多个对象。框选分为正选和反选。正选是指在选择过程中，第一角点在左侧、第二角点在右侧（即第一点的横坐标小于第二点的横坐标）。正选时，选择框色调为蓝色、框线为实线。在正选时，只有对象上的所有点都在选择框内时，对象才会被选中。正选选择框如图 1-6 所示。反选是指在选择过程中，第一角点在右侧、第二角点在左侧（即第一点的横坐标大于第二点的横坐标）。反选时，选择框色调为绿色、框线为虚线。在反选时，只要对象上有一点在选择框内，该对象就会被选中。反选选择框如图 1-7 所示。

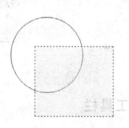

图 1-6　正选选择框　　　　　　　　　　　图 1-7　反选选择框

3. 全选

全选可以将绘图区能够选中的对象一次全部拾取。全选的快捷键为〈Ctrl + A〉。

1.4 点的输入

点是最基本的图形元素，点的输入是各种绘图操作的基础。电子图板除了提供常用的键盘输入和鼠标单击输入方式外，还设置了智能点捕捉和工具点捕捉工具。

1.4.1 由键盘输入点的坐标

点在屏幕上的坐标有绝对坐标和相对坐标两种。它们的输入方法完全不同，初学者必须正确掌握。

绝对坐标是指相对绝对坐标系原点的坐标。它的输入方法很简单，可直接通过键盘输入 x 和 y 的坐标，但 x 和 y 的坐标值之间必须用逗号隔开。例如，输入"50，60"，表示输入了一个 x 坐标为 50、y 坐标为 60 的点。

相对坐标是指相对于系统当前点的坐标，相对坐标与坐标系原点无关。输入时，为了区分不同性质的坐标，电子图板对相对坐标的输入作了如下规定：输入相对坐标时，必须在第一个数值的前面加上一个符号"@"，以表示相对。例如，输入"@30，60"，它表示相对参考点来说，输入了一个 x 坐标为 30、y 坐标为 60 的点。另外，相对坐标也可以用极坐标的方式表示。例如："@30 < 60"表示输入了一个相对于当前点的极坐标，即相对当前点的极坐标半径为 30，半径与 x 轴的夹角为60°。

注：参考点是系统自动设定的相对坐标的参考基准。它通常是操作者最后一次操作点的位置。在当前命令的交互过程中，操作者可以按〈F4〉键，专门确定所选定的参考点。

1.4.2 鼠标输入点的坐标

鼠标输入点的坐标就是通过移动十字光标选择需要输入的点的位置。选中后单击鼠标左键，该点的坐标即被输入。鼠标输入的都是绝对坐标。用鼠标输入点时，应一边移动十字光标，一边观察屏幕底部的坐标显示数字的变化，以便尽快确定待输入点的位置。

鼠标输入方式与工具点捕捉配合使用，可以准确地定位特征点，如端点、切点、垂足点等。使用功能键〈F6〉可以进行捕捉方式的切换。

1.5 工具点

工具点就是在作图过程中具有几何特征的点，如圆心点、切点、端点等。所谓工具点捕捉就是使用鼠标捕捉工具点菜单中的某个特征点。工具点菜单的内容和使用方法在前面已作了说明。操作者进入作图命令后，需要输入特征点时，只要按下空格键，即可在屏幕上弹出工具点菜单。工具点菜单如图 1-8 所示。

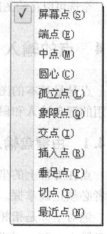

图 1-8　工具点菜单

工具点菜单中各项目的意义如下。

屏幕点（S）：屏幕上的任意位置点。

端点（E）：曲线的端点。

中心（M）：曲线的中点。

圆心（C）：圆或圆弧的圆心。

孤立点（L）：屏幕上已存在的点。

象限点（Q）：圆或圆弧的象限点。

交点（I）：两曲线的交点。

插入点（R）：图幅元素及块类对象的插入点。

垂足点（P）：曲线的垂足点。

切点（T）：曲线的切点。

最近点（N）：曲线上距离捕捉光标最近的点。

1.6　重生成

将显示失真的图形进行重新生成。圆和圆弧等图素在显示时都是由一段一段的线段组合而成，当图形放大到一定比例时可能会出现显示失真的情况。通过使用【重生成】命令可以将显示失真的图形按当前窗口的显示状态进行重新生成。

执行【重生成】命令后，拾取要操作的对象，然后单击鼠标右键确认即可。视图重生成前后的效果对比如图 1-9 所示。

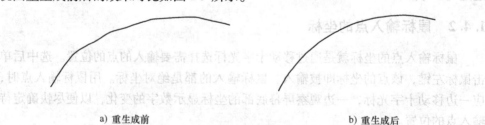

a) 重生成前　　　　　　　　　　　　　　　　　b) 重生成后

图 1-9　视图重生成前后的效果对比

1.7　常用键的含义

1. 鼠标按键

（1）左键　点取菜单或拾取选择。

（2）右键　确认拾取、终止当前命令或重复上一条命令。

2. 回车键

结束数据的输入或确认默认值；重复上一条命令。

3. 空格键

弹出工具点菜单或选取选项菜单。

4. 控制光标的键盘键

（1）方向键　在输入框中用于移动光标的位置，其他情况下用于平移图形。

（2）Page Up　显示放大。

（3）Page Down　显示缩小。

（4）Home 键　在输入框中用于将光标移至首行，其他情况下用于显示复原。

（5）End 键　在输入框中用于将光标移至行尾。

（6）Delete 键　删除。

第2章 基本曲线

【提示】 本章主要介绍直线、圆、矩形、填充等基本曲线的绘制和使用，其中重点讲解直线和圆的绘制操作，以及在操作过程中需要注意的各种编辑技巧，令读者在常规的操作过程中提高绘图速度。

【目标】 重点掌握各种基本曲线命令的用法，并能灵活应用各命令进行二维图形的绘制。

2.1 直线

1. 功能

直线是图形的基本构成要素，熟悉各种直线的绘制方法，灵活地加以应用将加快作图速度。正确、快捷地绘制直线的关键在于点的选择。在电子图板中拾取点时，可充分利用工具点菜单、智能点、导航点、栅格点等工具。输入点的坐标时，一般以绝对坐标输入，也可以根据实际情况，输入点的相对坐标和极坐标。

2. 调用命令

1）单击【绘图】主菜单【直线】子菜单中的╱按钮。

2）单击【绘图工具】工具栏中的╱按钮。

直线功能使用立即菜单进行交互操作，直线功能的立即菜单如图2-1所示。

为了适应各种情况下直线的绘制，电子图板提供了两点线、角度线、角等分线、切线/法线和等分线5种方式，通过立即菜单选择直线生成方式及参数即可创建直线。另外，每种直线生成方式都可以单独执行，以便提高绘图效率。

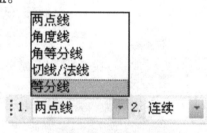

图2-1 直线立即菜单

2.1.1 两点线

1. 功能

按给定两点绘制一条直线段或按给定的连续条件绘制连续的直线段。每条线段都可以单独进行编辑。

2. 调用命令

1）单击【绘图】主菜单【直线】子菜单中的╱按钮。

2）单击【绘图工具】工具栏中的 ╱ 按钮。

3. 菜单介绍

两点线方式使用立即菜单进行交互操作，两点线功能的立即菜单如图 2-2 所示。

单击立即菜单中的【连续】选项，则该选项内容由"连续"变为"单个"。其中，"连续"表示每个直线段相互连接，前一个直线段

图 2-2　两点线立即菜单

的终点为下一个直线段的起点；而"单个"是指每次绘制的直线段相互独立，互不相关。按照立即菜单的条件和提示要求，用光标输入两点，则一条直线即被绘制出来。为了准确地绘制直线，可以使用键盘输入两个点的坐标或距离，也可以通过动态输入即时输入坐标和角度。

4. 绘图实例

【例 2-1】　绘制如图 2-3 所示圆的公切线。

充分利用工具点菜单，可以绘制出多种特殊的直线，这里以利用工具点菜单中的切点绘制圆和圆弧的切线为例，介绍工具点菜单的使用。首先，执行【两点线】命令，当系统提示"输入第一点"时，按空格键弹出工具点菜单，单击【切点】选项，然后按提示拾取第一个圆中"1"所指的位置，在输入第二点时，使用同样的方法拾取第二个圆中"2"所指的位置，作图结果如图 2-3b 所示。

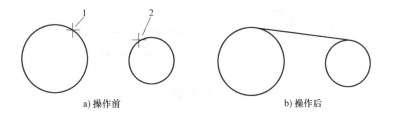

a) 操作前　　　　　　　　　　　　　　b) 操作后

图 2-3　绘制圆的外公切线

注：如果此时点的捕捉模式为智能状态，可以直接按捕捉提示选择点即可，不需要使用工具点菜单。另外，在拾取圆时，拾取位置不同，则切线绘制的位置也不同。

【例 2-2】　如图 2-4 所示，用相对坐标和极坐标绘制边长为 20mm 的五角星。

执行【两点线】命令，然后输入第一点"0，0"，输入第二点"@20，0"这是相对于 1 点的坐标；输入第 3 点"@20 < −144"这是相对于 2 点的极坐标，这里极坐标的角度是指从 X 正半轴开始，逆时针旋转为正，顺时针旋转为负。以同样方法输入第 4 点"@20 < 72"、第 5 点"@20 < −72"，最后输入"0，0"回到 1 点，单击鼠标右键结束直线的绘制操作，至此整个五角星就绘制完成。

【例2-3】 绘制图 2-5 所示的图形。

【操作步骤】

1）单击直线按钮 ╱，选择【两点线】、【连续】选项，切换为正交模式，操作结果如图 2-6 所示。

2）绘制长度为 22mm 的直线。在屏幕适当的地方单击鼠标左键，确定绘图的起始点，拖动光标向下，通过键盘输入 "22"，按回车键，操作结果如图 2-7 所示。

3）绘制长度为 20mm 的直线。拖动光标向右，通过键盘输入 "20"，按回车键，操作结果如图 2-8 所示。

4）绘制长度为 10mm 的直线。拖动光标向上，通过键盘输入 "10"，按回车键，操作结果如图 2-9 所示。

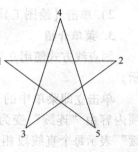

图 2-4　五角星

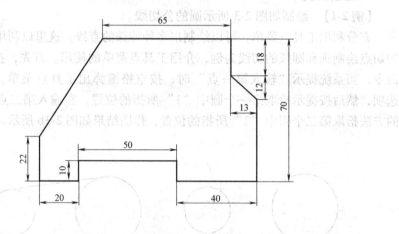

图 2-5　直线的绘制

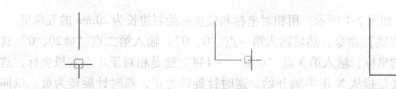

图 2-6　直线的立即菜单

图 2-7　绘制长度为 22mm 的直线

图 2-8　绘制长度为 20mm 的直线

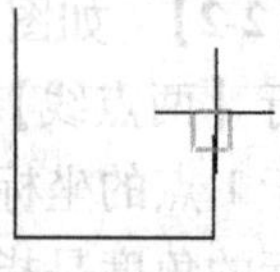

图 2-9　绘制长度为 10mm 的直线

5）绘制长度为 50mm 的直线。拖动光标向右，通过键盘输入"50"，按回车键，操作结果如图 2-10 所示。

6）绘制长度为 10mm 的直线。拖动光标向下，通过键盘输入"10"，按回车键，操作结果如图 2-11 所示。

图 2-10　绘制长度为 50mm 的直线　　　　图 2-11　绘制长度为 10mm 的直线

7）绘制长度为 40mm 的直线。拖动光标向右，通过键盘输入"40"，按回车键，操作结果如图 2-12 所示。

8）绘制另外一条长度为 40mm 的直线。拖动光标向上，通过键盘输入"40"，按回车键，操作结果如图 2-13 所示。

图 2-12　绘制长度为 40mm 的直线　　　图 2-13　绘制另外一条长度为 40mm 的直线

9）绘制短斜线。切换正交模式，通过键盘输入"@ − 13，12"，按回车键，操作结果如图 2-14 所示。

10）绘制长度为 18mm 的直线。切换为正交模式，拖动光标向上，通过键盘输入"18"，按回车键，操作结果如图 2-15 所示。

图 2-14　绘制短斜线　　　　　　图 2-15　绘制长度为 18mm 的直线

11）绘制长度为 65mm 的直线。拖动光标向左，通过键盘输入"65"，按回车键，操作结果如图 2-16 所示。

12）绘制长斜线。切换正交模式，拖动光标到图形的起始点，单击鼠标左键完成整个图形的绘制。操作结果如图 2-5 所示。

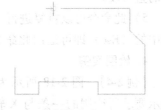

图 2-16　绘制长度为 65mm 的直线

2.1.2 角度线

1. 功能

按给定角度、给定长度绘制一条直线段。给定角度是指目标直线与已知直线、X 轴或 Y 轴所成的夹角。

2. 命令调用

1）单击【绘图】主菜单【直线】子菜单中的 按钮。

2）单击【常用】选项卡中【基本绘图】面板内【直线】下拉菜单中的 按钮。

3. 菜单介绍

角度线方式使用立即菜单进行交互操作。角度线立即菜单如图 2-17 所示。

| 1. 角度线 ▼ | 2. X轴夹角 ▼ | 3. 到点 ▼ | 4.度= 60 | 5.分= 0 | 6.秒= 0 |

图 2-17 角度线立即菜单

1）单击立即菜单中的【X 轴夹角】选项，用户可在弹出的菜单中选择夹角类型。如果选择【直线夹角】选项，则表示绘制一条与已知直线段指定夹角的直线段，此时操作提示变为"拾取直线"。待拾取一条已知直线段后，再输入第一点和第二点即可。

2）单击立即菜单中的【到点】选项，则该选项内容由"到点"变为"到线上"，即指定终点位置是在选定直线上。

3）分别单击立即菜单中的【度】、【分】、【秒】选项，可从其对应的右侧小键盘中直接输入夹角数值。编辑框中的数值为当前立即菜单所选角度的默认值。

4）按照提示要求输入第一点，则屏幕画面上显示该点标记。此时，操作提示变为"输入长度或第二点"。如果由键盘输入一个长度数值并回车键，则一条按用户设定条件确定的直线段即被绘制出来。另外，如果是移动鼠标，则一条绿色的角度线随之出现。待光标位置确定后，单击鼠标左键则立即绘制出一条给定长度和倾角的直线段。

5）此命令可以重复进行，单击鼠标右键或者按键盘中的〈Esc〉即可退出此命令。

4. 绘图实例

【例2-4】 图 2-18 所示为按立即菜单条件及操作提示要求所绘制的一条与 X 轴成 60°、长度为 100mm 的一条直线段。

图 2-18 角度线的绘制

2.1.3 角等分线

1. 功能

绘制一定长度的已知夹角的角度平分线，根据需要选择平分的份数。

2. 命令调用

1）单击【绘图】主菜单【直线】子菜单中的 按钮。

2）单击【常用】选项卡中【基本绘图】面板内【直线】下拉菜单中的 按钮。

3. 菜单介绍

角等分线方式使用立即菜单进行交互操作，角等分线立即菜单如图 2-19 所示。

```
1. 角等分线   ▼   2.份数  3          3.长度  80
```

图 2-19　角等分线立即菜单

1）单击立即菜单中的【份数】选项，输入等分份数值。

2）单击立即菜单中的【长度】选项，输入等分线长度值。

3）设置完立即菜单中的参数后，命令输入区提示"拾取第一条直线"，单击确认后提示拾取第二条直线。这时屏幕上显示出已知角的角等分线。

4）此命令可以重复进行，单击鼠标右键或者按键盘中的〈Esc〉键即可退出此命令。

【注意】 在绘制图形时应当注意 CAXA 界面在左下角的提示，会为绘制图形提供操作提示。

4. 绘图实例

【例 2-5】 绘制 60°角的 2 等分线，等分线长度为 50mm，如图 2-20 所示。

图 2-20　角等分线的绘制

2.1.4 切线/法线

1. 功能

过给定点作已知曲线的切线或法线。

2. 命令调用

1）单击【绘图】主菜单【直线】子菜单中的 按钮。

2）单击【常用】选项卡中【基本绘图】面板内【直线】下拉菜单中的 按钮。

3. 菜单介绍

切线/法线方式使用立即菜单进行交互操作。切线/法线立即菜单如图 2-21 所示。

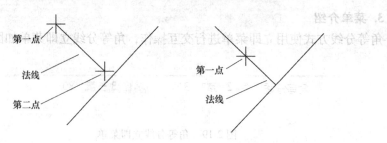

1. 切线 ▾ 2. 对称 ▾ 3. 到线上 ▾

图 2-21　切线/法线立即菜单

1）单击立即菜单中的【切线】选项，则该选项内容变为"法线"。按照改变后的立即菜单进行操作，将绘制出一条与已知直线相垂直的直线，如图 2-22 所示。选择【切线】选项，则绘制出一条与已知直线相平行的直线。

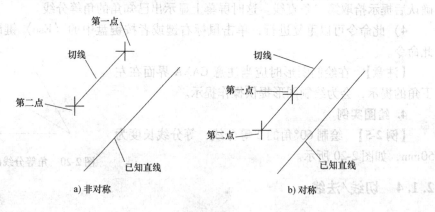

图 2-22　直线的法线

2）单击立即菜单中的【非对称】选项，该选项内容变为"对称"，这时选择的第一点为所要绘制直线的中点，第二点为直线的一个端点，如图 2-23 所示。

a) 非对称　　　　　　　　　　　　　b) 对称

图 2-23　直线的切线

3）单击立即菜单中的【到点】选项，则该选项内容变为"到线上"，表示所绘制的切线或法线的终点在一条已知线段上。

4）拾取一条已知曲线，命令行提示"输入点"，在给定位置输入第一点，提示又变为"第二点（切点）或长度"。此时，再移动光标时，一条过第一点与已知直线段平行的直线段生成，其长度可由鼠标或键盘输入数值决定。图 2-23a 为本操作的示例。

5）如果用户拾取的是圆或弧，也可以按上述步骤操作，但圆弧的法线必须在所选第一点与圆心所决定的直线上，而切线垂直于法线，如图 2-24 所示。

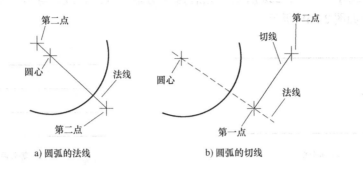

a) 圆弧的法线　　　　　　　　　b) 圆弧的切线

图 2-24　圆弧的切线和法线

6）此命令可以重复进行，单击鼠标右键或者按键盘中的〈Esc〉键即可退出此命令。

2.1.5　等分线

1. 功能

按两条线段之间的距离 n 等分绘制直线。

2. 命令调用

1）单击【绘图】主菜单【直线】子菜单中的 按钮。

2）单击【常用】选项卡中【基本绘图】面板内【直线】下拉菜单中的 按钮。

3. 菜单介绍

等分线方式使用立即菜单进行交互操作，等分线立即菜单如图 2-25 所示。

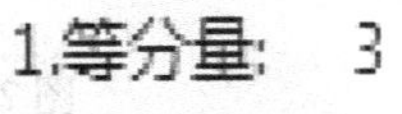

生成等分线要求所选两条直线符合以下条件：

1）两条直线平行。

2）不平行、不相交，并且其中任意一条线的任意方向的延长线不与另一条线相交，可等分。

1.等分量:　3

图 2-25　等分线立即菜单

3）不平行，一条线的某个端点与另一条线的端点重合，并且两直线夹角不等于180°，也可等分。

4）此命令可以重复进行，单击鼠标右键或者按键盘中的〈Esc〉键即可退出此命令。

【注意】　等分线和角等分线在对具有夹角的直线进行等分时概念是不同的，角等分是按角度等分，而等分线是按照端点连线的距离等分。

4. 绘图实例

【例 2-6】　如图 2-26a 所示，先后拾取两条平行的直线，等分量设置为 3，则最后结果如图 2-26b 所示。

a) 等分前　　　　　　　　　　　　　　　　　　　　b) 等分后

图 2-26　等分线实例

2.2　中心线

1. 功能

如果拾取一个圆、圆弧或椭圆，则直接生成一对相互正交的中心线；如果拾取两条相互平行或非平行线（如锥体），则生成这两条直线的中心线。

2. 命令调用

1）单击【绘图】主菜单中的 ╱ 按钮。

2）单击【绘图工具】工具栏中的 ╱ 按钮。

3. 菜单介绍

1）调用【中心线】命令，弹出如图 2-27 所示的立即菜单。

　　1. 指定延长线长度　　　▼　2. 延伸长度　3

图 2-27　中心线立即菜单

2）单击立即菜单中的【延伸长度】选项（延伸长度是指超过轮廓线的长度），文本框中显示的数字表示当前延伸长度的默认值，可通过键盘重新输入。

3）按照命令输入区提示拾取圆（弧、椭圆）或第一条直线，若拾取的是圆（弧、椭圆），则在被拾取的圆或圆弧上绘制出一对相互正交垂直且超出其轮廓线一定长度的中心线；若拾取的是第一条直线，提示变为拾取另一条直线，当拾取完以后，在被拾取的两条直线之间绘制出一条中心线。

4）此命令可以重复操作，单击鼠标右键即可结束操作。

4. 绘图实例

【例 2-7】　绘制如图 2-28 所示的中心线。

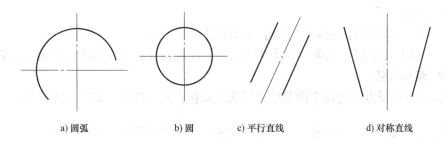

a) 圆弧   b) 圆   c) 平行直线   d) 对称直线

图 2-28　中心线的绘制示例

2.3　圆

【圆】命令是用户在绘图时操作频率最高的命令之一。CAXA 电子图板中设置了圆心-半径、两点、三点和两点-半径 4 种绘制圆方式，用户可以根据需要灵活地选用。

1. 功能

按照各种给定参数绘制圆。要创建圆，可以指定圆心、半径、直径、圆周上的点和其他对象上的点的不同组合。根据不同的绘图要求，还可以在绘图过程中通过立即菜单选取圆上是否带有中心线，系统默认为无中心线。

2. 命令调用

1）单击【绘图】主菜单中的⊙按钮。

2）单击【绘图工具】工具栏中的⊙按钮。

圆功能使用立即菜单进行交互操作。调用【圆】命令后弹出如图 2-29 所示的立即菜单。

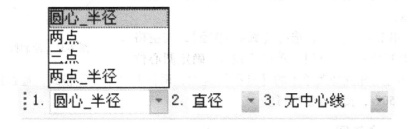

图 2-29　圆立即菜单

2.3.1　圆心-半径

1. 功能

已知圆心和半径画圆。

2. 命令调用

1) 单击【绘图】主菜单【圆】子菜单中的 ⊙ 按钮。

2) 单击【常用】选项卡中【基本绘图】面板内【圆】下拉菜单中的 ⊙ 按钮。

3. 菜单介绍

圆心半径圆方式使用立即菜单进行交互操作，其立即菜单如图 2-30 所示。

| 1. 圆心_半径 ▼ | 2. 半径 ▼ | 3. 有中心线 ▼ | 4. 中心线延伸长度 | 3 |

图 2-30 圆心半径圆立即菜单

1) 按提示要求输入圆心，提示变为"输入半径或圆上一点"。此时，可以直接由键盘输入所需半径数值，并按回车键；也可以移动光标，确定圆上的一点，并单击鼠标左键。

2) 单击立即菜单中的【半径】选项，则显示内容由"半径"变为"直径"，输入圆心后，系统提示"输入直径或圆上一点"，用户由键盘输入的数值为圆的直径。

3) 单击立即菜单中的【无中心线】选项，则显示内容由"无中心线"变为"有中心线"，同时可以输入中心线的延长长度。

4) 此命令可以重复进行，单击鼠标右键或者按键盘中的〈Esc〉键可以退出此命令。

4. 绘图实例

【例 2-8】 绘制圆心在直线 a 中点上、半径为 50mm 的圆，如图 2-31 所示。

【操作步骤】

1) 单击直线按钮 ✎，选择【两点线】，绘制正交直线 a。

2) 单击圆按钮 ⊙，选择【圆心-半径】，按空格键，选择特征点【中点】。单击直线 a，确定圆心位置；单击左下角立即菜单中的【直径】选项，调整为"半径"模式，通过键盘输入半径"50"，按回车键即可。

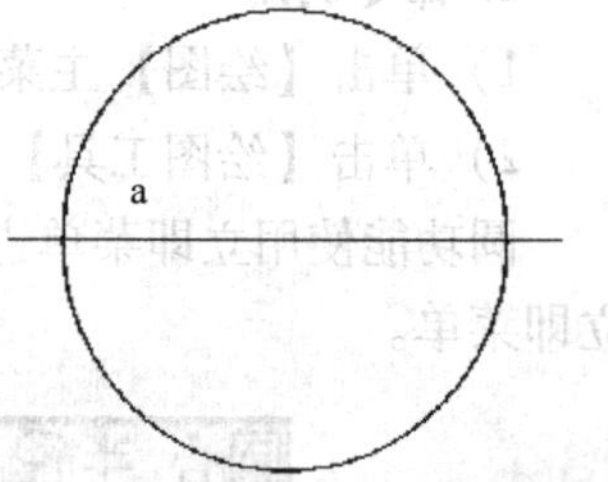

图 2-31 绘制圆

2.3.2 两点画圆

1. 功能

过圆直径上的两个端点画圆。

2. 命令调用

1) 单击【绘图】主菜单【圆】子菜单中的 ⊙ 按钮。

2) 单击【常用】选项卡中【基本绘图】面板内【圆】下拉菜单中的 ⊙ 按钮。

3. 菜单介绍

【两点圆】方式使用立即菜单进行交互操作，其立即菜单如图 2-32 所示。

> 1. 两点 ▼ 2. 无中心线 ▼

图 2-32 两点圆立即菜单

根据提示输入第一点、第二点后，一个完整的圆即被绘制出来。此命令可以重复进行，单击鼠标右键或者按键盘中的〈Esc〉键即可退出此命令。

2.3.3 三点画圆

1. 功能

过圆周上的三点画圆。

2. 命令调用

1）单击【绘图】主菜单【圆】子菜单中的⊙按钮。

2）单击【常用】选项卡中【基本绘图】面板内【圆】下拉菜单中的⊙按钮。

3. 菜单介绍

三点圆方式使用立即菜单进行交互操作，其立即菜单如图 2-33 所示。

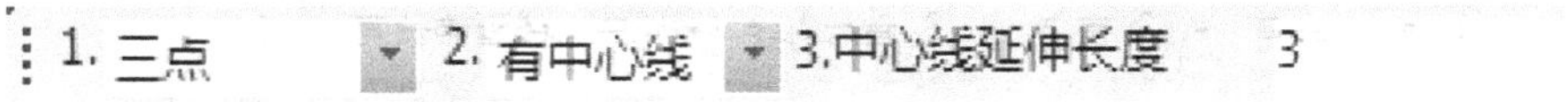

> 1. 三点 ▼ 2. 有中心线 ▼ 3.中心线延伸长度 3

图 2-33 三点立即菜单

按照命令输入区提示输入第一点、第二点和第三点后，一个完整的圆即被绘制出来。在输入点时可充分利用智能点、栅格点、导航点和工具点菜单。此命令可以重复进行，单击鼠标右键或者按键盘中的〈Esc〉键即可退出此命令。

2.3.4 两点半径画圆

1. 功能

过圆周上的两点和已知半径画圆。

2. 命令调用

1）单击【绘图】主菜单【圆】子菜单中的⊙按钮。

2）单击【常用】选项卡中【基本绘图】面板内【圆】下拉菜单中的⊙按钮。

3. 菜单介绍

两点半径圆方式使用立即菜单进行交互操作，其立即菜单如图 2-34 所示。

> 1. 两点_半径 ▼ 2. 无中心线 ▼

图 2-34 两点半径圆立即菜单

　　按照命令行提示输入第一点、第二点后，在合适位置输入第三点或由键盘输入一个半径值，一个完整的圆即被绘制出来。此命令可以重复进行，单击鼠标右键或者按键盘中的〈Esc〉键即可退出此命令。

4. 绘图实例

【例 2-9】　绘制如图 2-35 所示的图形，各圆的直径均为 30mm。

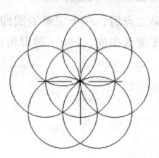

图 2-35　练习图

【操作步骤】

1）单击圆按钮 ⊙，立即菜单如图 2-36 所示。

| 1. 圆心_半径 ▾ | 2. 直径 ▾ | 3. 有中心线 ▾ | 4.中心线延伸长度 | 3 |

图 2-36　圆立即菜单

2）在绘图区适当的位置单击鼠标左键，确定圆心，通过键盘输入"30"，按回车键，操作结果如图 2-37 所示。

3）以中心线和圆的交点（左边）为圆心，绘制直径为 30mm 的圆，立即菜单如图 2-38 所示，操作结果如图 2-39 所示。

4）以左边圆和中心圆在交点为圆心，绘制圆周的第二个圆，如图 2-40 所示。

图 2-37　绘制中心的圆

5）以此类推，绘制出周边其余的圆，操作结果如图 2-35 所示。

| 1. 圆心_半径 ▾ | 2. 直径 ▾ | 3. 无中心线 ▾ |

图 2-38　圆的立即菜单　　　　　　　　　　图 2-39　绘制左边的圆

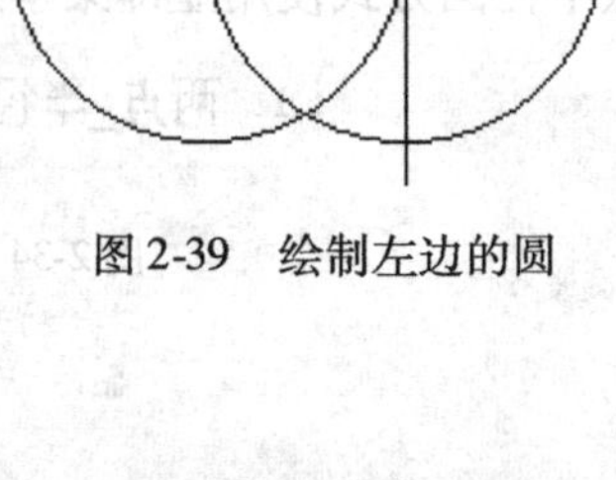

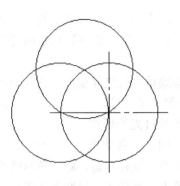

图 2-40　绘制圆周的第二个圆

2.4　圆弧

圆弧的绘制是复杂图形绘制的基础，应认真掌握。

1. 功能

按照各种给定参数绘制圆弧。绘制圆弧时，可以通过指定圆心、端点、起点、半径、角度等各种组合形式创建圆弧。

2. 命令调用

1）单击【绘图】主菜单中的 ⌒ 按钮。

2）单击【绘图工具】工具栏中的 ⌒ 按钮。

圆弧方式使用立即菜单进行交互操作。调用【圆弧】命令后，弹出如图 2-41 所示的立即菜单。

为了适应各种情况下圆弧的绘制，电子图板提供了多种方式，包括三点圆弧、圆心-起点-圆心角、两点-半径、圆心-半径-起终角、起点-终点-圆心角、起点-半径-起终角等，通过立即菜单进行选择圆生成方式及参数即可。

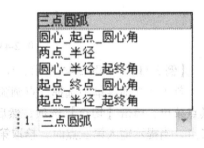

图 2-41　圆弧立即菜单

另外，每种圆弧生成方式都可以单独使用，以便提高绘图效率。本节主要介绍三点圆弧和两点-半径圆弧的画法。

2.4.1　三点圆弧

1. 功能

通过已知三点绘制圆弧。过三点绘制圆弧时，其中第一点为起点，第三点为终点，第二点决定圆弧的位置和方向。

2. 命令调用

1）单击【绘图】主菜单【圆弧】子菜单中的 按钮。

2）单击【常用】选项卡中【基本绘图】面板内【圆】下拉菜单中的 按钮。

3. 操作步骤

三点圆弧方式使用立即菜单进行交互操作，其立即菜单如图 2-42 所示。

按照命令行提示指定第一点和第二点，此时，一条过上述两点及过光标所在位置的三点圆弧已显示在绘图区，移动光标，正确选择第三点位置并单击鼠标左键，则一条圆弧线被绘制出来。在选择这 3 个点时，可以灵活运用工具点、智能点、导航点和栅格点等工具，也可以直接用键盘输入点坐标。

1. 三点圆弧

图 2-42 【三点圆弧】立即菜单

4. 绘图实例

【例 2-10】 如图 2-43 所示，作与直线相切的圆弧。

首先在立即菜单中选择三点圆弧方式，当系统提示第一点时，按空格键弹出工具点菜单，单击【切点】选项，然后按照提示拾取直线，再指定圆弧的第二点、第三点后，圆弧就绘制完成了。

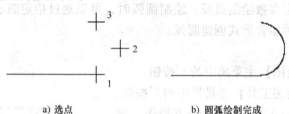

a) 选点　　　　　　　　　b) 圆弧绘制完成

图 2-43 与直线相切的弧

【例 2-11】 如图 2-44 所示，作与圆弧相切的圆弧。

首先在立即菜单中选择三点圆弧方式，当系统提示第一点时，按空格键弹出工具点菜单，单击【切点】选项，然后按照提示拾取第一段圆弧，再输入圆弧的第二点，当提示输入第三点时，拾取第二段圆弧的切点，圆弧就绘制完成了。

a) 选点　　　　　　　　　　b) 操作后

图 2-44 与圆弧相切的弧

2.4.2 两点-半径圆弧

1. 功能

已知两点及圆弧半径绘制圆弧。

2. 命令调用

1）单击【绘图】主菜单【圆弧】子菜单中的按钮。

2）单击【常用】选项卡中【基本绘图】面板内【圆】下拉菜单中的按钮。

3. 菜单介绍

两点-半径圆弧方式使用立即菜单进行交互操作，其立即菜单如图2-45所示。

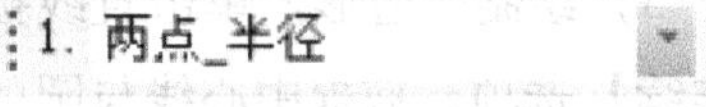

按照提示输入第一点和第二点后，系统提示又变为"第三点或半径（切点）"。此时如果输入一个半径值，则系统首先根据十字光标当前的位置判断绘制圆弧的方向。判定规则是：十字光标当前位置处在第一、二两点所在直线的哪一侧，则圆弧就绘制在哪一侧，如图2-46a、b所示。同样的两点1和2，由于光标位置的不同，可绘制出不同方向的圆弧。然后系统根据两点的位置、半径值以及刚判断出的绘制方向来绘制圆弧。如果在输入第二点以后移动光标，则在画面上出现一段由输入的两点及光标所在位置点构成的三点圆弧。移动光标，圆弧发生变化，在确定圆弧大小后，单击鼠标左键，结束本操作。图2-46c所示为鼠标拖动所绘制的圆弧。

> 1. 两点_半径

图2-45　两点-半径立即菜单

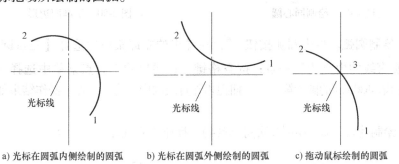

a) 光标在圆弧内侧绘制的圆弧　　b) 光标在圆弧外侧绘制的圆弧　　c) 拖动鼠标绘制的圆弧

图2-46　圆弧与圆相切

此命令可以重复进行，单击鼠标右键或者按键盘中的〈Esc〉键即可退出此命令。

4. 绘图实例

【例2-12】　图2-46所示为按上述操作所绘制的两点-半径圆弧实例。

【例2-13】　绘制如图2-47所示的图形。

【操作步骤】

1）单击圆按钮，弹出立即菜单，如图2-48所示。

2）绘制同心圆。在绘图区适当的位置单击鼠标左键，确定圆心，输入"30"，按回车键；输入"80"，按回车键，操作结果

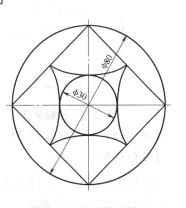

图2-47　圆弧练习题1

| 1. 圆心_半径 ▼ | 2. 直径 ▼ | 3. 有中心线 ▼ | 4.中心线延伸长度 | 3 |

图 2-48　圆的立即菜单

如图 2-49 所示。

3）绘制四边形。单击直线按钮 ✐，在弹出的立即菜单中选择【两点线】和【连续】选项，捕捉中心线与圆的交点为直线的起始点，依次把 4 个交点连起了，操作结果如图 2-50 所示。

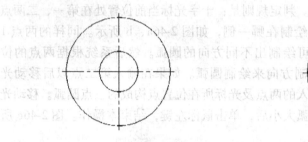

图 2-49　绘制同心圆 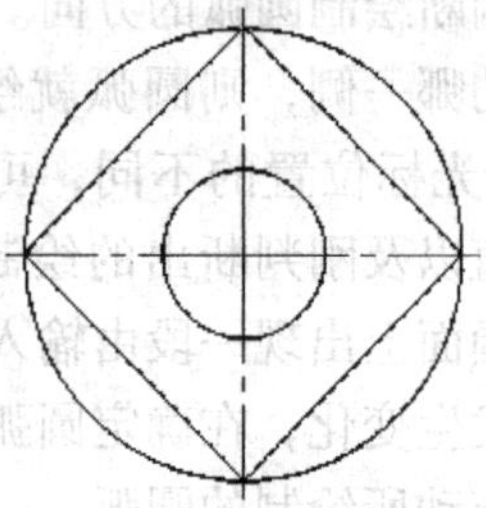　　　　　　　　　　图 2-50　绘制四边形

4）绘制圆弧。单击圆弧按钮 ⌒，在弹出的立即菜单中选择【三点圆弧】选项，捕捉直线的中点为第一点；按空格键，在弹出的工具点菜单中选择【切点】选项，拾取 φ30mm 的圆为第二点；捕捉相邻直线的中点为第三点，操作结果如图 2-51 所示。

5）绘制其余圆弧。绘制方法同步骤 4），操作结果如图 2-47 所示。

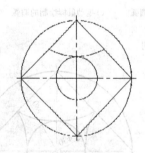 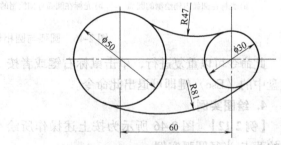

图 2-51　绘制圆弧　　　　　　　　　　图 2-52　圆弧练习题 2

【例 2-14】　绘制如图 2-52 所示的图形。

【操作步骤】

1）单击圆按钮 ⊙，在弹出的立即菜单中按照图 2-53 所示进行选择。

| 1. 圆心_半径 ▼ | 2. 直径 ▼ | 3. 有中心线 ▼ | 4.中心线延伸长度 | 3 |

图 2-53　圆立即菜单

绘制 φ50mm 的圆。在绘图区适当的位置单击鼠标左键确定圆心，输入"50"，按回车键，操作结果如图 2-54 所示。

2）绘制平行线。改变线型为点画线，单击平行线按钮 ∥，在弹出的立即菜单中选择【偏移方式】和【单向】，拾取垂直的中心线，向右拖动光标，输入"60"，按回车键，单击鼠标右键结束命令，操作结果如图 2-55 所示。

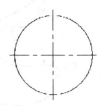

图 2-54　绘制 φ50mm 的圆

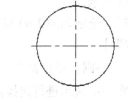

图 2-55　绘制平行线

3）确定 φ30mm 的圆心。单击拉伸按钮 ⊿，拾取水平的中心线，向右拉伸与上步所做的线交与一点，操作结果如图 2-56 所示。

4）绘制 φ30mm 的圆。改变线型为实线，单击圆按钮 ⊙，弹出立即菜单，如图 2-57 所示。

单击步骤 3）中确定的圆心，输入"30"，按回车键，操作结果如图 2-58 所示。

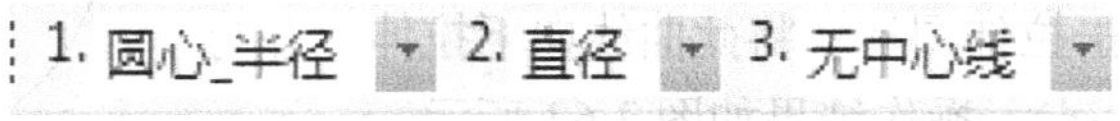

图 2-56　确定 φ30mm 的圆心

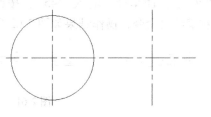

图 2-57　圆的立即菜单

5）绘制 R47mm 的圆弧。单击圆弧按钮 ⌒，在弹出的立即菜单中选择【两点_半径】选项，按空格键，在弹出的工具点菜单中选择【切点】选项，拾取 φ50mm 的圆；按空格键，在弹出的工具点菜单中选择【切点】选项，拾取 φ30mm 的圆，输入"47"，操作结果如图 2-59 所示。

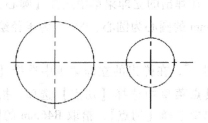

图 2-58　绘制 φ30mm 的圆

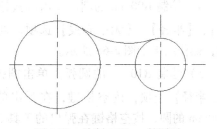

图 2-59　绘制 R47mm 的圆弧

6）绘制 R81mm 的圆弧。单击圆弧按钮 ，在弹出的立即菜单中选择【两点_半径】选项，按空格键，在弹出的工具点菜单中选择【切点】选项，拾取 φ50mm 的圆；按空格键，在弹出的工具点菜单中选择【切点】选项，拾取 φ30mm 的圆，输入"81"，操作结果如图 2-52 所示。

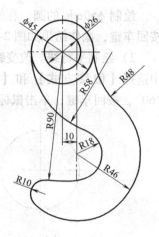

图 2-60　圆弧练习题 3

【例 2-15】　绘制如图 2-60 所示的图形。

【操作步骤】

1）绘制同心圆。单击圆按钮 ，在弹出的立即菜单中按照图 2-61 所示进行选择。

在绘图区上方单击鼠标左键确定圆心，输入"26"，按回车键；输入"45"，按回车键，单击鼠标右键结束命令，操作结果如图 2-62 所示。

　1. 圆心_半径 　▾　2. 直径 　▾　3. 有中心线 　▾　4.中心线延伸长度　　　3

图 2-61　绘制同心圆的立即菜单

2）确定 R18mm 的圆心。改变线型为点画线，以 φ26mm 的圆心为圆心、72mm 为半径画圆；单击平行线按钮 ，在弹出的立即菜单中选择【偏移方式】和【单向】选项，拾取垂直中心线，向右拖动光标，输入"10"后按键；单击拉伸图标，将此曲线向下拉伸，并与 R72mm 的圆交于一点，操作结果如图 2-63 所示。

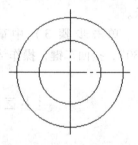

图 2-62　绘制同心圆

3）绘制 R18mm、R46mm 的圆。改变线型为实线，单击圆按钮 ，在弹出的立即菜单中选择【圆心_半径】、【半径】和【无中心线】选项，以步骤 2）中所确定的圆心为圆心，输入"18"，按回车键；输入"46"，按回车键，单击鼠标右键结束命令，操作结果如图 2-64 所示。

4）绘制 R90mm 的圆。单击圆按钮 ，在弹出的立即菜单中选择【圆心_半径】、【半径】、【无中心线】选项，以 φ26mm 的圆心为圆心、90mm 为半径绘制圆，操作结果如图 2-65 所示。

5）绘制 R10mm 的圆弧。单击圆弧按钮 ，在弹出的立即菜单中选择【两点_半径】选项，按空格键，在弹出的工具点菜单中选择【切点】选项，拾取 R90mm 的圆；按空格键在弹出的工具点菜单中选择【切点】，拾取 R46mm 的圆，输入"10"，按回车键，操作结果如图 2-66 所示。

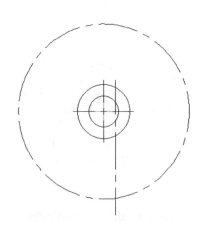

图 2-63 确定 R18mm 的圆心

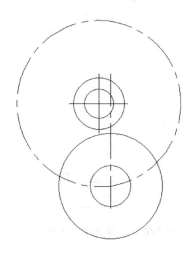

图 2-64 绘制 R18mm、R46mm 的圆

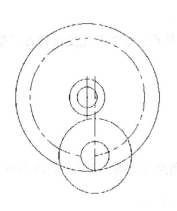

图 2-65 绘制 R90mm 的圆

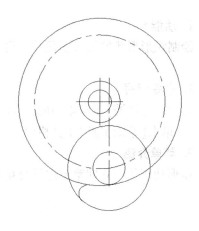

图 2-66 绘制 R10mm 的圆弧

6）绘制 R58mm 的圆弧。单击圆弧按钮，在弹出的立即菜单中选择【两点_半径】选项，按空格键，在弹出的工具点菜单中选择【切点】选项，拾取 φ45mm 的圆；按空格键，在弹出的工具点菜单中选择【切点】选项，拾取 R18mm 的圆，输入"58"，按回车键，操作结果如图 2-66 所示。

7）绘制 R48mm 的圆弧。单击圆弧按钮，在弹出的立即菜单中选择【两点_半径】选项，按空格键，在弹出的工具点菜单中选择【切点】选项，拾取 φ45mm 的圆；按空格键，在弹出的工具点菜单中选择【切点】选项，拾取 R46mm 的圆，输入"48"，按回车键，操作结果如图 2-68 所示。

8）裁剪、删除多余的曲线，操作结果如图 2-60 所示。

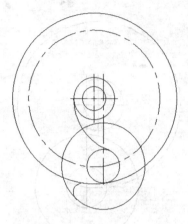

图 2-67　绘制 R58mm 的圆弧

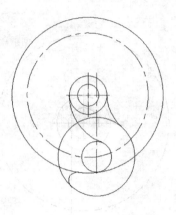

图 2-68　绘制 R48mm 的圆弧

2.5　矩形

1. 功能

绘制矩形形状的闭合多段线。可以按照两角点、长度和宽度两种方式生成矩形。

2. 命令调用

1）单击【绘图】主菜单中的□按钮。

2）单击【绘图工具】工具栏中的□按钮。

3. 菜单介绍

矩形功能使用立即菜单进行交互操作，两角点方式的立即菜单如图 2-69 所示。

| 1. 两角点　　　　▼ 2. 无中心线　　▼ |

图 2-69　两角点立即菜单

在立即菜单中选择【两角点】选项，按照提示用鼠标指定第一角点，在指定第二角点的过程中，出现一个跟随光标移动的矩形，待选定好位置后单击鼠标左键，这时矩形就被绘制出来了。也可以直接通过键盘输入两角点的绝对坐标或相对坐标。

长度和宽度方式的立即菜单如图 2-70 所示。

| 1. 长度和宽度　▼ 2. 中心定位　▼ 3. 角度 0　　4. 长度 200　　5. 宽度 100　　6. 无中心线　▼ |

图 2-70　长度和宽度立即菜单

1）单击立即菜单中的【中心定位】选项，则该选项内容切换为“顶边中点定位”，即以矩形顶边的中点为定位点绘制矩形。

2）单击立即菜单中的【角度】、【长度】和【宽度】选项，按顺序分别输入倾斜角度、长度和宽度的参数值，以确定待绘新矩形的条件。还可以绘制带有中心线的矩形。

4. 绘图实例

【例 2-16】 绘制如图 2-71 所示的矩形。

60
50
20
Φ15
R12.5

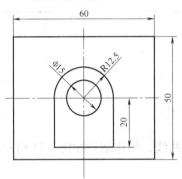

图 2-71 矩形练习题

【操作步骤】

1）绘制矩形。单击矩形按钮，在弹出的立即菜单中按照图 2-72 所示进行设置，操作结果如图 2-73 所示。

1. 长度和宽度
2. 中心定位
3.角度 0
4.长度 60
5.宽度 50
6. 有中心线
7.中心线延伸长度 3

图 2-72 矩形立即菜单

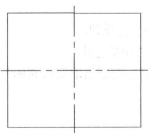

图 2-73 绘制矩形

2）绘制中间矩形。单击矩形按钮，在弹出的立即菜单中按照图 2-74 所示进行设置，操作结果如图 2-75 所示。

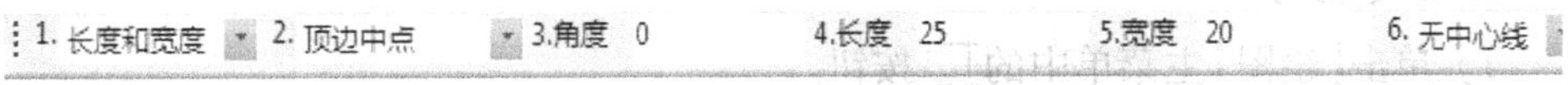

1. 长度和宽度
2. 顶边中点
3.角度 0
4.长度 25
5.宽度 20
6. 无中心线

图 2-74 中间矩形的立即菜单

3）绘制同心圆。单击圆按钮 ⊙，在弹出的立即菜单中选择【圆心_半径】、【直径】和【无中心线】选项，拾取矩形中心为圆心，输入"25"，按回车键，输入"15"，按键，操作结果如图 2-76 所示。

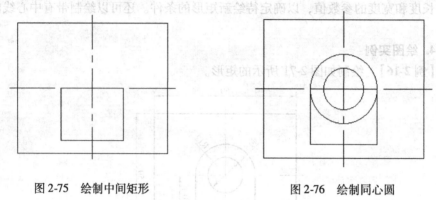

图 2-75　绘制中间矩形　　　　　　　图 2-76　绘制同心圆

4）裁剪、删除多余的曲线，操作结果如图 2-71 所示。

2.6　填充与剖面线

2.6.1　填充

1. 功能

对封闭区域的内部进行实心填充。填充实际是一种图形类型，它可以对封闭区域的内部进行填充，当某些制件剖面需要涂黑时也可以用此功能。

2. 命令调用

1）单击【绘图】主菜单中的 ◎ 按钮。

2）单击【绘图工具】工具栏中的 ◎ 按钮。

调用【填充】命令后，用鼠标左键拾取要填充的封闭区域内任意一点，即可完成填充操作。

2.6.2　剖面线

1. 功能

使用填充图案对封闭区域或选定对象进行填充，生成剖面线。生成剖面线的方式分为拾取点和拾取边界两种方式。

2. 命令调用

1）单击【绘图】主菜单中的 ▨ 按钮。

2）单击【绘图工具】工具栏中的 ▨ 按钮。

【剖面线命令】使用立即菜单进行交互操作。调用【剖面线】命令后，弹出如图2-77所示的立即菜单。

| 1. 拾取点 | 2. 不选择剖面图案 | 3.比例: 3 | 4.角度 30 | 5.间距错开: 0 |

图 2-77　剖面线立即菜单

3）拾取环内点的位置，当用户拾取完点以后，系统首先从拾取点开始，从右向左搜索最小封闭环。

3. 绘图实例

【例 2-17】　如图 2-78 所示，矩形为一个封闭环，而其内部又有一个圆，圆也是一个封闭环。若用户拾取点设在 a 处，则从 a 点向左搜索到的最小封闭环是矩形，a 点在环内，可以作出剖面线；若拾取点设在 b 点，则从 b 点向左搜索到的最小封闭环是圆，b 点在环外，不能作出剖面线。

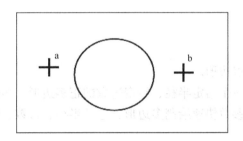

图 2-78　拾取点的位置

【例 2-18】　图 2-79 是用拾取点的方式绘制剖面线的例子。其中，从图 2-79a 和图 2-79b 中可以看出拾取点的位置不同，绘制出的剖面线也不同。在图 2-79c 中，先拾取 3 点，再拾取 4 点，则可以绘制出有孔的剖面。图 2-79d 为更复杂的剖面情况，拾取点的顺序为先选 5 点，再选 6 点，最后选 7 点。

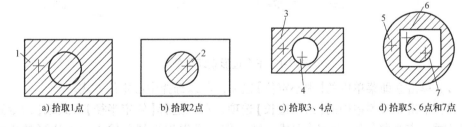

a) 拾取1点　　　b) 拾取2点　　　c) 拾取3、4点　　　d) 拾取5、6点和7点

图 2-79　拾取点画剖面线

第 3 章　高级曲线的绘制

【提示】　高级曲线是指由基本元素组成的一些特定的图形或特定的曲线。这些曲线都能完成绘图设计的某种特殊要求。本章主要讲解样条、点、公式曲线、椭圆、正多边形、局部放大图、波浪线、双折线、箭头、孔/轴的绘制方法，以及在绘制过程中需要注意的各种编辑技巧。

【目标】　了解点、公式曲线和箭头的绘制方法，重点掌握【正多边形】、【椭圆】和【孔/轴】命令的用法，并能在绘图过程中灵活应用。

3.1　正多边形

1. 功能

绘制等边闭合的多边形。

在给定点处绘制一个给定半径、给定边数的正多边形，多边形生成后属性为多段线。可以通过各种参数快速绘制多边形，包括半径、边数、内接或外切等。

2. 命令调用

1) 单击【绘图】主菜单中的⬡按钮。

2) 单击【绘图工具】工具栏中的⬡按钮。

3. 菜单介绍

调用【正多边形】命令后，弹出的立即菜单如图 3-1 所示。

1. 中心定位	▾	2. 给定边长	▾	3. 边数 6	4. 旋转角 0	5. 无中心线	▾

图 3-1　正多边形立即菜单 1

1) 单击立即菜单中的【中心定位】选项，可以选择中心定位方式。

2) 单击立即菜单中的【给定边长】选项，可以选择【给定半径】方式或【给定边长】方式。若选择【给定半径】方式，则操作者可以根据提示输入正多边形的内切（或外接）圆半径；若选择【给定边长】方式，则需要输入每条边的长度。

3) 单击立即菜单中的【内接于圆】选项，可以选择【内接于圆】或【外切于圆】方式，表示所绘制的正多边形为某个圆的内接或外切正多边形。

4) 单击立即菜单中的【边数】选项，可以按照操作提示重新输入待绘正多边形的边数。边数的范围是 3 ~ 36 之间的整数。

5）单击立即菜单中的【旋转角】选项，操作者可以根据操作提示输入一个新的角度值，以决定正多边形的旋转角度。

6）立即菜单项中的内容全部设置完以后，操作者可以按照提示要求输入一个中心点，则提示内容变为"圆上一点或内接（外切）圆半径"。如果输入一个半径值或单击圆上的一个点，则由立即菜单所决定的内接正六边形即被绘制出来。点与半径的输入既可使用鼠标，也可使用键盘来完成。

如果单击立即菜单的第1项中选择【中心定位】选项，则立即菜单变为如图3-2所示的内容。

1. 底边定位　▼	2. 边数　6	3. 旋转角　0	4. 无中心线　▼

图 3-2　正多边形立即菜单 2

4. 绘图实例

【例 3-1】　绘制如图 3-3 所示的图形。

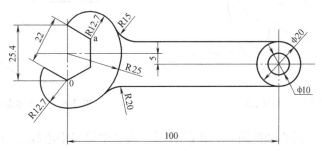

图 3-3　正多边形练习图

【操作步骤】

1）绘制正六边形。单击正多边形按钮⬡，弹出立即菜单，如图 3-4 所示。

1. 中心定位　▼	2. 给定半径　▼	3. 内接于圆　▼	4.边数　6	5.旋转角　90	6. 有中心线　▼	7.中心线延伸长度　3

图 3-4　正多边形的立即菜单

在屏幕适当的位置单击鼠标左键，输入半径"12.7"，绘制如图 3-5 所示的正六边形。

2）绘制圆。单击圆按钮⊙，分别以点 a 和点 b 为圆心，12.7mm 为半径绘制圆，操作结果如图 3-6 所示。

3）绘制圆弧。单击圆弧按钮⌒，在弹出的立即菜单中选择【两点_半径】选项，按空格键，在弹出的工具点菜单中选择【切点】选项，拾取上边圆；再按空格键，在弹出的工具点菜单中选择【切点】选项，拾取下边圆，输入"25"后按回车键，操作结果如图 3-7 所示。

4）裁剪多余的曲线。单击【裁剪】按钮，裁剪结果如图 3-8 所示。

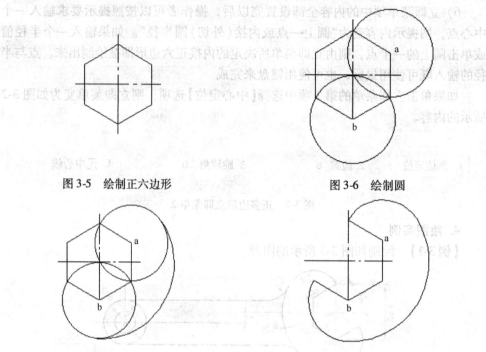

图 3-5　绘制正六边形　　　　　　　　　　图 3-6　绘制圆

图 3-7　绘制圆弧　　　　　　　　　　图 3-8　裁剪多余曲线

5）确定右边同心圆的圆心。在【属性】工具栏中设置中心线层为当前层。单击平行线图标／，在弹出的立即菜单中选择【偏移方式】和【单向】选项，拾取垂直中心线，向右拖动光标，输入"100"，按回车键；拾取水平中心线，向下拖动光标，输入"5"后，按回车键。单击【拉伸】按钮，拉伸水平中心线，使其与所做的垂直中心线有交点，操作结果如图 3-9 所示。

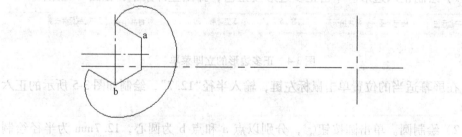

图 3-9　确定同心圆的圆心

6）绘制同心圆。在【属性】工具栏中，改变线型为实线，单击圆按钮⊙，拾取同心圆的圆心，绘制同心圆，操作结果如图 3-10 所示。

7）绘制直线。单击直线按钮／，在弹出的立即菜单中选择【两点线】和【单根】

图 3-10 绘制同心圆

选项，切换为正交模式，操作结果如图 3-11 所示。

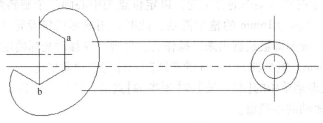

图 3-11 绘制直线

8）绘制过渡圆弧。单击圆弧按钮，在弹出的立即菜单中选择【两点_半径】选项，按空格键，在弹出的工具点菜单中选择【切点】选项，拾取直线；按空格键，在弹出的工具点菜单中选择【切点】选项，拾取圆弧，输入"15"后，按回车键。按照同样的方法绘制另一个圆弧，操作结果如图 3-12 所示。

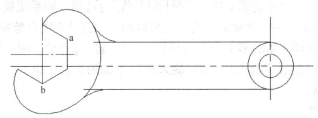

图 3-12 绘制圆弧

9）裁剪多余曲线，操作结果如图 3-3 所示。

3.2 椭圆

1. 功能

绘制椭圆或椭圆弧。

生成椭圆或椭圆弧的方式有如下 3 种：

1）给定长短轴。

2）轴上两点。

3）中心点起点。

2. 命令调用

1）单击【绘图】主菜单中的○按钮。

2）单击【常用】选项卡中【高级绘图】面板上的○按钮。

3. 菜单介绍

单击椭圆按钮○，弹出立即菜单，如图3-13所示。

| 1.给定长短轴 ▾ | 2.长半轴 20 | 3.短半轴 16 | 4.旋转角 0 | 5.起始角= 0 | 6.终止角= 360 |

图3-13　椭圆立即菜单

图3-13所示的立即菜单的含义为，以定位点为中心画一个旋转角为0°、长半轴为20mm，短半轴为16mm的整个椭圆。此时，用鼠标或键盘输入一个定位点，一旦位置确定，椭圆即被绘制出来。操作者会发现，在移动光标确定定位点时，一个长半轴为20mm，短半轴为16mm的椭圆随光标的移动而移动。

1）单击立即菜单中的【长半轴】或【短半轴】选项，按照系统提示可重新定义待绘椭圆的长、短轴的半径值。

2）单击立即菜单中的【旋转角】选项，可以输入旋转角度，以确定椭圆的方向。

3）单击立即菜单中的【起始角】和【终止角】选项，可以输入椭圆的起始角和终止角。当起始角为0°、终止角为360°时，所绘制的为整个椭圆；当改变起始角和终止角时，所绘制的为一段从起始角开始，到终止角结束的椭圆弧。

4）如果在立即菜单的第1项中选择【轴上两点】选项，则系统提示输入一个轴的两端点，然后输入另一个轴的长度，也可以用鼠标拖动来决定椭圆的形状。

5）如果在立即菜单的第1项中选择【中心点_起点】选项，则应输入椭圆的中心点和一个轴的端点（即起点），然后输入另一个轴的长度，也可以用鼠标拖动来决定椭圆的形状。

4. 绘图实例

【例3-2】　绘制长半轴为80mm、短半轴为40mm、旋转30°的椭圆，如图3-14所示。

提示：单击椭圆按钮○，在弹出的立即菜单中选择【给定长短轴】选项，【长半轴】设置为"80"，【短半轴】设置为"40"，【旋转角】设置为"30"，【起始角】设置为"0"，【终止角】设置为"360"，根据提示在绘图区单击确定基准点，然后绘制中心线，单击【直线】按钮，在弹出的立即菜单中选择【中心线】选项，然后拾取绘制好的椭圆，该图形绘制完毕。

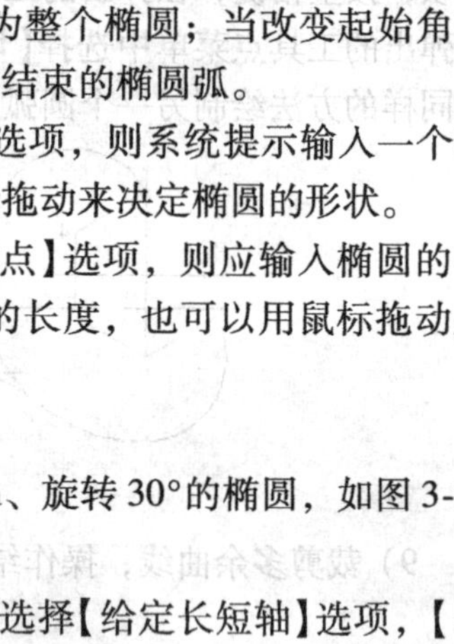

【例3-3】　绘制如图3-15所示的图形。

【操作步骤】

1）绘制R50mm的圆。单击圆按钮⊙，在弹出的立即菜单中选择【圆心_半径】、【半径】和【无中

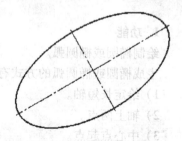

图3-14　绘制椭圆

心线】选项，在绘图区适当的位置单击鼠标左键确定圆心，输入"50"后按回车键，操作结果如图 3-16 所示。

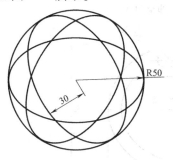

图 3-15　椭圆练习图 1

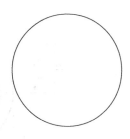

图 3-16　绘制 R50mm 的圆

2）绘制水平的椭圆。单击椭圆按钮⬭，在弹出的立即菜单中按照图 3-17 所示进行设置。

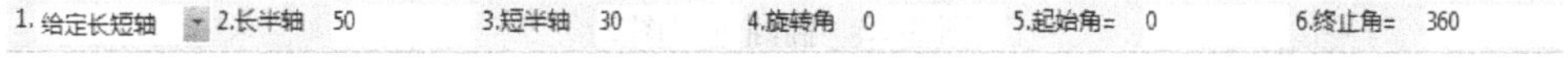

| 1.给定长短轴 | ▼ | 2.长半轴 | 50 | 3.短半轴 | 30 | 4.旋转角 | 0 | 5.起始角= | 0 | 6.终止角= | 360 |

图 3-17　椭圆立即菜单 1

拖动光标至 R50mm 的圆心上，单击鼠标左键确定椭圆的圆心，操作结果如图 3-18 所示。

3）绘制旋转的椭圆。单击椭圆按钮⬭，在弹出的立即菜单中按照图 3-19 所示进行设置。

拖动光标至 R50mm 的圆心上，单击鼠标左键确定椭圆的圆心，操作结果如图 3-20 所示。

4）绘制另一个旋转的椭圆。单击椭圆按钮⬭，在弹出的立即菜单中按照图 3-21 所示进行设置。

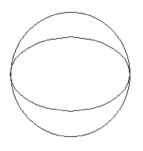

图 3-18　绘制水平的椭圆

| 1.给定长短轴 | ▼ | 2.长半轴 | 50 | 3.短半轴 | 30 | 4.旋转角 | 60 | 5.起始角= | 0 | 6.终止角= | 360 |

图 3-19　椭圆立即菜单 2

拖动光标至 R50mm 的圆心上，单击鼠标左键确定椭圆的圆心，操作结果如图 3-15 所示。

【例 3-4】　绘制如图 3-22 所示的图形。

【操作步骤】

1）绘制大椭圆。单击椭圆按钮⬭，在弹出的立即菜单中按照图 3-23 所示进行设置，操作结果如图 3-24 所示。

2）绘制椭圆中心线。单击中心线按钮✐，单击上一步绘制的椭圆，操作结果如图 3-25 所示。

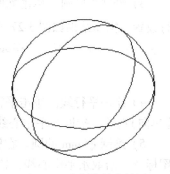

图 3-20　绘制旋转的椭圆

| 1. 给定长短轴 | ▼ 2. 长半轴 | 50 | 3. 短半轴 | 30 | 4. 旋转角 | 120 | 5. 起始角= | 0 | 6. 终止角= | 360 |

图 3-21　椭圆立即菜单 3

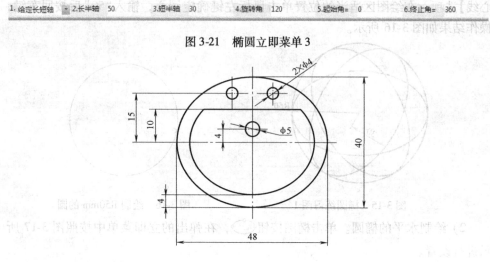

图 3-22　椭圆练习图 2

| 1. 给定长短轴 | ▼ 2. 长半轴 | 24 | 3. 短半轴 | 20 | 4. 旋转角 | 0 | 5. 起始角= | 0 | 6. 终止角= | 360 |

图 3-23　椭圆立即菜单 4

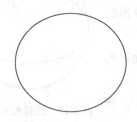

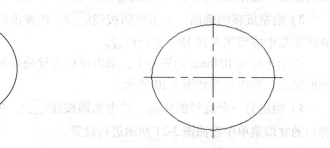

图 3-24　绘制大椭圆　　　　　　　　　　　图 3-25　绘制椭圆中心线

3）绘制小椭圆。单击椭圆按钮⬭，在弹出的立即菜单中按照图 3-26 所示进行设置，操作结果如图 3-27 所示。

| 1. 给定长短轴 | ▼ 2. 长半轴 | 20 | 3. 短半轴 | 16 | 4. 旋转角 | 0 | 5. 起始角= | 0 | 6. 终止角= | 360 |

图 3-26　椭圆立即菜单 5

4）绘制平行线。单击平行线按钮╱，在弹出的立即菜单中选择【偏移方式】和【单向】选项，拾取水平中心线，输入"10"，操作结果如图 3-28 所示。

5）绘制 φ5mm 的圆。在【属性】工具栏中设置中心线层为当前层，单击平行线图标╱，拾取水平中心线，输入"4"后按回车键；在【属性】工具栏中设置 0 层为当前层，单击圆图标⊙，在弹出的立即菜单中选择【圆心_半径】、【直径】和【无中心线】选项，拾取圆心，输入"5"后，按回车键，操作结果如图 3-29 所示。

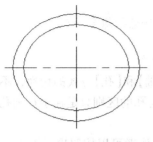

图 3-27 绘制小椭圆

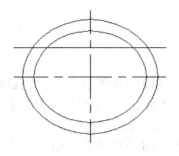

图 3-28 绘制平行线

6）绘制两个 φ4mm 的圆。在【属性】工具栏中设置中心线层为当前层，单击平行线图标 ∥，拾取水平中心线，输入"15"后按回车键；在立即菜单中选择【双向】选项，拾取垂直中心线，输入"6.5"，按回车键；在【属性】工具栏中设置 0 层为当前层，单击圆图标 ⊙，在弹出的立即菜单中选择【圆心_半径】、【直径】和【无中心线】选项，拾取圆心，输入"4"后按回车键，操作结果如图 3-30 所示。

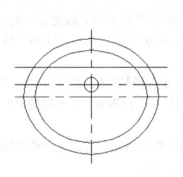

图 3-29 绘制 φ5mm 的圆

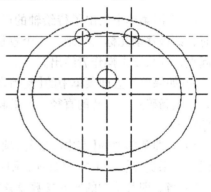

图 3-30 绘制两个 φ4mm 的圆

7）裁剪、删除多余的曲线，操作结果如图 3-30 所示。

3.3 孔/轴

1. 功能
在给定位置绘制带有中心线的轴和孔或绘制带有中心线的圆锥孔和圆锥轴。

2. 命令调用
1）单击【绘图】主菜单中的 ⊨ 按钮。
2）单击【绘图工具】工具栏中的 ⊨ 按钮。

3. 菜单介绍
【孔/轴】命令使用立即菜单进行交互操作。调用【孔/轴】命令后弹出立即菜单，如图 3-31 所示。

| 1. 轴 ▾ | 2. 直接给出角度 | ▾ | 3.中心线角度 | 0 |

图 3-31　孔/轴立即菜单

1) 单击立即菜单中的【轴】选项，则可进行【轴】和【孔】方式的切换，不论是绘制轴还是绘制孔，后续的操作方法完全相同。轴与孔的区别只是在于在画孔时省略两端的端面线。

2) 单击立即菜单中的【中心线角度】选项，操作者可以按照提示输入一个角度值，以确定待绘轴或孔的倾斜角度，角度的范围是 −360°～360°。

3) 按照提示要求，移动鼠标或用键盘输入一个插入点，这时在立即菜单处出现一个新的立即菜单，如图 3-32 所示。

| 1. 轴 ▾ | 2.起始直径 100 | 3.终止直径 100 | 4. 有中心线 ▾ | 5.中心线延伸长度 3 |

图 3-32　轴的立即菜单

4) 立即菜单中列出了待绘轴的已知条件，提示信息表明下面要进行的操作。此时，如果移动光标会发现，一个直径为 100mm 的轴被显示出来，该轴以插入点为起点，其长度由操作者给出。

5) 如果单击立即菜单中的【起始直径】或【终止直径】选项，操作者可以输入新值，以重新确定轴或孔的直径。如果起始直径与终止直径不同，则绘制的是圆锥孔或圆锥轴。

6) 立即菜单中的【有中心线】选项表示在轴或孔绘制完以后，会自动添加上中心线。如果选择【无中心线】选项，则不会添加中心线。

7) 当立即菜单中的所有参数设置完后，用鼠标确定轴或孔上一点，或由键盘输入轴或孔的轴长度，一旦输入结束，一个带有中心线的轴或孔即被绘制出来。

4. 绘图实例

【例 3-5】　绘制如图 3-33 所示的图形。

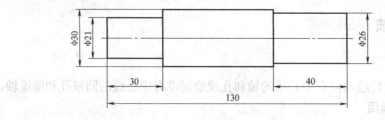

图 3-33　轴练习图 1

【操作步骤】

1) 绘制 φ21mm 的轴。单击孔/轴图标⊣，在屏幕适当的位置单击鼠标左键，弹出立即菜单，如图 3-34 所示。

向右拖动光标，输入"30"后，按回车键，操作结果如图 3-35 所示。

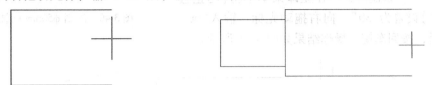

图 3-34　孔/轴的立即菜单

2）绘制 φ30mm 的轴。在立即菜单中将【起始直径】和【终止直径】均设置为"30"，向右拖动光标，输入"60"后，按回车键，操作结果如图 3-36 所示。

图 3-35　绘制 φ21mm 的轴　　　　　　　图 3-36　绘制 φ30mm 的轴

3）绘制 φ26mm 的轴。在立即菜单中将【起始直径】和【终止直径】均设置为"26"，向右拖动光标，输入"40"后，按回车键，单击右键结束命令，操作结果如图 3-33。

【例 3-6】　绘制如图 3-37 所示的图形。

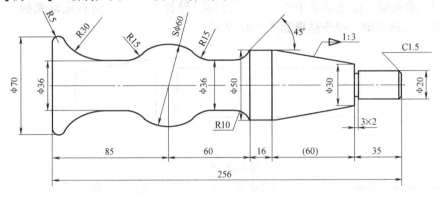

图 3-37　轴练习图 2

【操作步骤】

1）绘制 φ70mm 的轴。单击孔/轴图标，在屏幕适当的位置单击鼠标左键，在弹出的立即菜单中将【起始直径】设置为"70"，向右拖动光标，输入"10"后，按回车键，操作结果如图 3-38 所示。

2）绘制 φ36mm 的轴。在立即菜单中将【起始直径】设置为"36"，向右拖动光标，输入"135"后，按回车键，操作结果如图 3-39 所示。

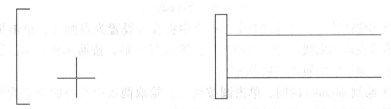

图 3-38　绘制 φ70mm 的轴　　　　　　　图 3-39　绘制 φ36mm 的轴

3）绘制 φ50mm 的轴。在立即菜单中将
【起始直径】设置为"16"，向右拖动光标，输
入"135 后"，按回车键，操作结果如图 3-40
所示。

4）绘制圆锥。在立即菜单中将【终止直
径】设置为"30"，向右拖动光标，输入"60"
后，按回车键，操作结果如图 3-41 所示。

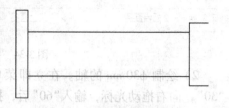

图 3-40　绘制 φ50mm 的轴

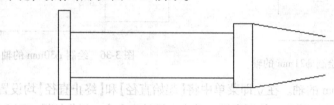

图 3-41　绘制圆锥

5）绘制槽。在立即菜单中将【起始直径】设置为"16"，向右拖动光标，输入
"3"后，按回车键，操作结果如图 3-42 所示。

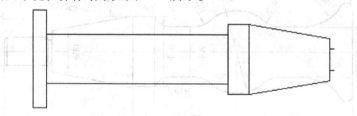

图 3-42　绘制槽

6）绘制 φ20mm 的轴。在立即菜单中将【起始直径】设置为"20"，向右拖动光
标，输入"32"后，按回车键，单击鼠标右键结束命令，操作结果如图 3-43 所示。

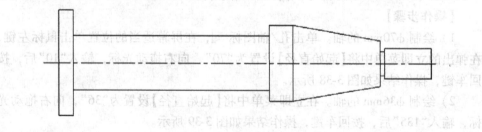

图 3-43　绘制 φ20mm 的轴

7）绘制平行线。在【属性】工具栏中将线型设置为点画线，单击平行线按钮
∥，拾取左边端面线，向右拖动光标，输入"85"后，按回车键，单击鼠标右键结
束命令，操作结果如图 3-44 所示。

8）绘制 φ60mm 的圆。单击圆按钮⊙，拾取两条中心线的交点为圆心，输入
"60"后，按回车键，操作结果如图 3-45 所示。

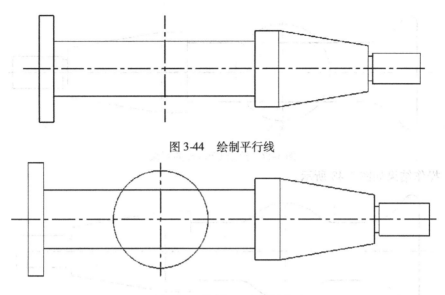

图 3-44　绘制平行线

图 3-45　绘制 φ60mm 的圆

9）绘制 R5mm 的圆弧。单击圆弧按钮 ，在弹出的立即菜单中选择【两点_半径】选项，按空格键，在弹出的工具点菜单中选择【切点】选项，拾取左边端面线；再按空格键，在弹出的工具点菜单中选择【切点】选项，拾取相邻端面线，输入"5"后，按回车键。使用同样的方法绘制下半部分的圆弧，裁剪掉多余的曲线，操作结果如图 3-46 所示。

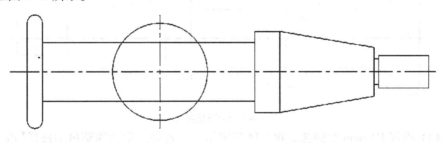

图 3-46　绘制 R5mm 的圆弧

10）绘制 R30mm 的圆弧。单击圆弧按钮 ，在弹出的立即菜单中选择【两点_半径】选项，按空格键，在弹出的工具点菜单中选择【切点】选项，拾取 R5mm 的圆弧；再按空格键，在弹出的工具点菜单中选择【切点】选项，拾取相邻水平素线，输入"30"后，按回车键。使用同样的方法绘制下半部分的圆弧，裁剪掉多余的曲线，操作结果如图 3-47 所示。

11）绘制 R15mm 的圆弧。单击圆弧按钮 ，在弹出的立即菜单中选择【两点_半径】选项，按空格键，在弹出的工具点菜单中选择【切点】选项，拾取 φ36mm 的圆弧；再按空格键，在弹出的工具点菜单中选择【切点】选项，拾取相邻水平素线，输入"15"后，按回车键。使用同样的方法绘制下半部分的圆弧，裁剪掉多余的曲

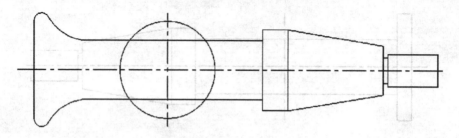

图 3-47　绘制 R30mm 的圆弧

线，操作结果如图 3-48 所示。

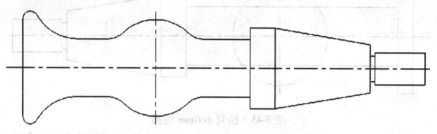

图 3-48　绘制 R15mm 的圆弧

12）绘制角度线。单击直线按钮 ，在弹出的立即菜单中选择【角度线】选项，并将角度设置为"45°"，操作结果如图 3-49 所示。

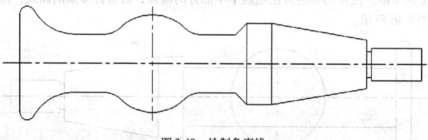

图 3-49　绘制角度线

13）绘制 R10mm 的圆弧。单击圆弧按钮 ，在弹出的立即菜单中选择【两点_半径】选项，按空格键，在弹出的工具点菜单中选择【切点】选项，拾取角度线；再按空格键，在弹出的工具点菜单中选择【切点】选项，拾取相邻水平素线，输入"10"后，按回车键。使用同样的方法绘制下半部分的圆弧，裁剪掉多余的曲线，操作结果见图 3-37 所示。

3.4　局部放大图

1. 功能

按照给定参数生成对局部图形进行放大的视图。可以设置边界形状为圆形边界或矩形边界。对放大后的视图标注尺寸数值应与原图形保持一致。

2. 命令调用

1）单击【绘图】主菜单中的⬤按钮。

2）单击【绘图工具】工具栏中的⬤按钮。

3. 菜单介绍

调用局部放大图功能后，弹出的立即菜单如图3-50所示。

1. 圆形边界 ▼	2. 加引线 ▼	3. 放大倍数　2	4. 符号　I

图 3-50　局部放大图立即菜单 1

根据边界设置的不同，局部放大分为圆形边界和矩形边界两种方式，下面分别进行介绍。

（1）圆形边界局部放大

1）在图3-50所示的立即菜单的第1项中选择【圆形边界】选项。

2）立即菜单的第2项和第3项中分别选择【加引线】和【放大倍数】选项，则可输入放大比例，以及选择是否加引线。

3）输入局部放大图形的圆心点，输入圆形边界上的一点或圆形边界的半径。

4）此时系统提示为"符号插入点"。如果不需要标注符号文字，则单击鼠标右键；否则，移动光标在屏幕上选择好合适的符号文字插入位置后，单击鼠标左键插入符号文字。

5）此时系统提示为"实体插入点"。已放大的局部放大图形虚像随着光标的移动动态显示，在屏幕上指定合适的位置并输入实体插入点后，即可生成局部放大图形。

（2）矩形边界局部放大

1）在图3-50所示的立即菜单的第1项中选择【矩形边界】选项，立即菜单如图3-51所示。

1. 矩形边界 ▼	2. 边框不可见 ▼	3. 放大倍数　2	4. 符号　I

图 3-51　局部放大图立即菜单 2

2）在立即菜单的第2项中可以选择矩形框可见或不可见。如果选择【放大倍数】和【符号】选项，则可以输入放大比例和该局部视图的名称。

3）按照系统提示输入局部放大图形的矩形两角点。如果选择【边框可见】选项，则可生成矩形边框，否则不生成。

4）这时系统弹出新的立即菜单，可选择是否加引线。

5）此时系统提示为"符号插入点"。如果不需要标注符号文字，则单击鼠标右键；否则，移动光标在屏幕上选择好合适的符号文字插入位置后，单击鼠标左键插入符号文字。

6）此时系统提示为"实体插入点"。已放大的局部放大图形虚像随着光标的移动动态显示，在屏幕上指定合适的位置并输入实体插入点后，即可生成局部放大图形。

4. 绘图实例

【例3-7】　图3-52 是局部放大的实例。图中将螺栓中螺纹与光杆连接处用圆形窗口和矩形窗口两种方式进行放大。

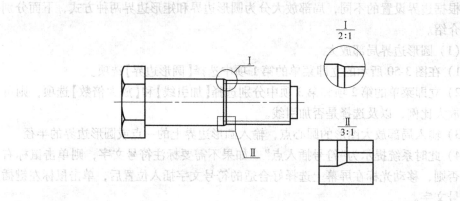

图 3-52　绘制局部放大图实例

第4章 图形编辑

【提示】 对当前图形进行编辑修改，是交互式绘图软件必不可少的基本功能之一。编辑功能的优劣对提高绘图速度及质量都具有至关重要的作用。CAXA 电子图板的编辑修改功能包括曲线编辑和图形编辑两个方面。曲线编辑主要讲解有关曲线的常用编辑命令以及操作方法，而图形编辑则是介绍对图形编辑实施的各种操作。

【目标】 重点掌握裁剪、过渡、阵列、镜像、旋转等各种曲线编辑命令的用法，了解图形编辑命令在绘图中的使用。

4.1 曲线编辑

4.1.1 裁剪

1. 功能

裁剪对象，使它们精确地终止于由其他对象定义的边界。

2. 命令调用

1）单击【修改】主菜单中的 ↘ 按钮。

2）单击【修改工具】工具栏中的 ↘ 按钮。

电子图板中的裁剪操作分为快速裁剪、拾取边界和批量裁剪 3 种方式，通过立即菜单的选项可以进行选择，裁剪立即菜单如图 4-1 所示。

4.1.1.1 快速裁剪

1. 功能

用鼠标直接拾取被裁剪的曲线。

2. 操作方法

直接用鼠标拾取要被裁剪掉的线段，系统根据与该线段相交的曲线自动确定出裁剪边界，待单击鼠标左键后，将被拾取的线段裁剪掉。

图 4-1 裁剪立即菜单

3. 操作步骤

调用【裁剪】命令并通过立即菜单选择【快速裁剪】选项，然后直接单击要裁剪的对象即可，按〈Esc〉键可退出【裁剪】命令，也可以单击立即菜单选择其他裁剪方式。

4. 绘图实例

【例4-1】　图 4-2 中的几个实例说明在快速裁剪操作中，拾取同一曲线的不同位置将产生不同的裁剪结果。

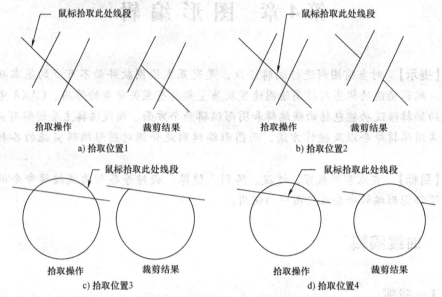

图 4-2　快速裁剪中的拾取位置

【例4-2】　图 4-3 所示为对圆和圆弧快速裁剪的实例。

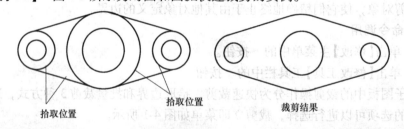

图 4-3　快速裁剪圆和圆弧

4.1.1.2　边界裁剪

1. 功能

拾取一条或多条曲线作为剪刀线，构成裁剪边界，对一系列要裁剪的曲线进行裁剪。

2. 操作步骤

执行【裁剪】命令，并通过立即菜单选择【拾取边界】选项，按照提示要求，用鼠标拾取一条或多条曲线作为剪刀线，然后单击鼠标右键以示确认。此时，操作提示变为"拾取要裁剪的曲线"。用鼠标拾取要裁剪的曲线，系统将根据操作者选定的边界作出响应，并裁剪掉拾取的曲线段至边界部分，保留边界另一侧的部分。

3. 绘图实例

【例4-3】　图 4-4 所示为拾取边界裁剪的实例。

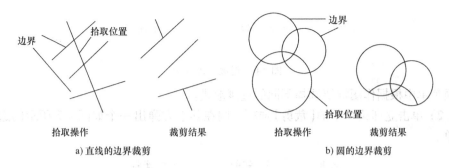

a) 直线的边界裁剪　　　　　　b) 圆的边界裁剪

图 4-4　拾取边界裁剪

4.1.2　过渡

1. 功能

修改对象，使其以圆角、倒角等方式连接。

2. 命令调用

1）单击【修改】主菜单中的 按钮。

2）单击【修改工具】工具栏中的 按钮。

过渡操作分为圆角、多圆角、倒角、外倒角、内倒角、多倒角和尖角等多种方式，可以通过立即菜单进行选择。过渡命令的立即菜单如图4-5所示。

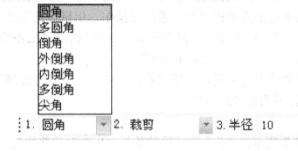

图 4-5　过渡立即菜单

4.1.2.1　圆角

1. 功能

在两直线(或圆弧)之间用圆角进行光滑的过渡。

2. 命令调用

1）单击【修改】主菜单中【过渡】子菜单中的 按钮。

2）单击【过渡工具】工具栏中的 按钮。

3. 菜单介绍

执行【过渡】命令后，弹出如图4-6所示的立即菜单

1）单击立即菜单中的【圆角】选项，则在其上方弹出选项菜单，操作者可以在

图 4-6　过渡立即菜单

选项菜单中根据作图需要选择不同的过渡形式。

2）单击立即菜单中的【裁剪】选项，则在其下方弹出一个如图 4-7 所示的选项菜单。

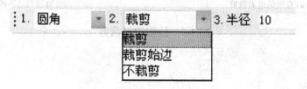

图 4-7　选项菜单

用鼠标单击可以对其进行裁剪方式的切换。各选项菜单的含义如下。

① 裁剪：裁剪掉过渡后所有边的多余部分。

② 裁剪始边：只裁剪掉起始边的多余部分。起始边也就是操作者拾取的第一条曲线。

③ 不裁剪：执行过渡操作以后，原线段保留原样，不被裁剪。

3）单击立即菜单中的【半径】选项后，可以按照提示输入过渡圆弧的半径值。

4）按当前立即菜单的条件和提示的要求进行操作，用鼠标拾取待过渡的第一条曲线，被拾取到的曲线呈红色显示，而操作提示变为"拾取第二条曲线"。用鼠标拾取第二条曲线后，在两条曲线之间用一个圆弧光滑过渡。

5）用鼠标拾取的曲线位置不同，会得到不同的结果。而且过渡圆弧半径的大小应合适，否则也将得不到正确的结果。

4. 绘图实例

【例 4-4】　如图 4-8 所示，a 点为裁剪后的效果，b 点为裁剪始边后的效果，c 点为不裁剪后的效果。

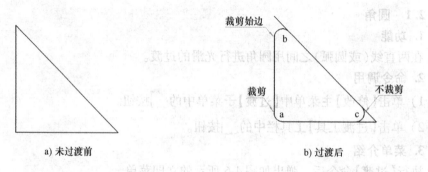

图 4-8　过渡

4.1.2.2 倒角

1. 功能

在两直线间进行倒角过渡。直线可被裁剪或向角的方向延伸。

2. 命令调用

1）单击【修改】主菜单中【过渡】子菜单中的 ◺ 按钮。

2）单击【过渡工具】工具栏中的 ◺ 按钮。

3. 菜单介绍

执行【倒角】命令后，弹出如图 4-9 所示的立即菜单。

1. 长度和角度方式 ▼ 2. 裁剪 ▼ 3. 长度 2 4. 角度 45

图 4-9 倒角立即菜单

1）单击立即菜单中的【长度和角度方式】，并从选项菜单中选择【倒角】选项。

2）操作者可以从立即菜单的【裁剪】选项中选择裁剪的方式，操作方法及各选项的含义与 4.1.2.1 中所介绍的一样。

3）立即菜单中的【长度】和【角度】两项内容表示倒角的轴向长度和倒角的角度。根据系统提示，从键盘输入新值可改变倒角的长度与角度。其中，轴向长度是指从两直线的交点开始，沿所拾取的第一条直线方向的长度；角度是指倒角线与所拾取第一条直线的夹角，其范围是 0°～180°，其定义如图 4-10 所示。由于轴向长度和角度的定义均与第

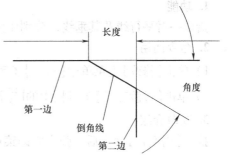

图 4-10 长度和角度的定义

一条直线的拾取有关，所以两条直线拾取的顺序不同，所作出的倒角也不同。

4）需倒角的两直线已相交（即已有交点），则拾取两直线后，立即作出一个由给定长度、给定角度确定的倒角，如图 4-11a 所示。如果待作倒角过渡的两条直线没有相交（即尚不存在交点），则拾取完两条直线以后，系统会自动计算出交点的位置，并将直线延伸，而后作出倒角，如图 4-11b 所示。

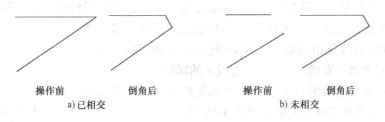

操作前　　　　倒角后　　　　　操作前　　　　倒角后
a) 已相交　　　　　　　　　　b) 未相交

图 4-11 倒角过渡

4. 绘图实例

【例 4-5】 从图 4-12 中可以看出，轴向长度均为 3mm、角度均为 60°的倒角，由于拾取直线的顺序不同，倒角的结果也不同。

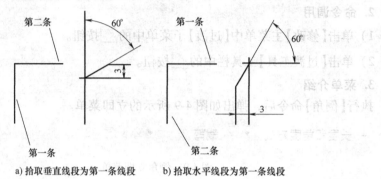

图 4-12 直线拾取的顺序与倒角的关系

4.1.2.3 内倒角

1. 功能

拾取一对平行线及其垂线，分别作为两条母线和端面线生成内倒角。

2. 命令调用

1）单击【修改】主菜单中【过渡】子菜单中的 按钮。

2）单击【过渡工具】工具栏中的 按钮。

3. 菜单介绍

执行【内倒角】命令后，弹出立即菜单，如图 4-13 所示。

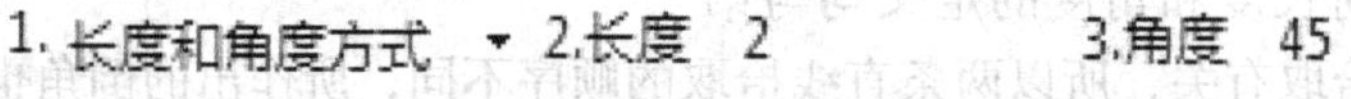

　　1. 长度和角度方式 ▾ 2. 长度   2   3. 角度   45

图 4-13 内倒角立即菜单

1）单击立即菜单中的【长度和角度方式】，并从选项菜单中选择【内倒角】选项。

2）立即菜单中的【2. 长度】和【3. 角度】两项内容表示倒角的轴向长度和倒角的角度。操作者可按照系统提示，从键盘输入新值，改变倒角的长度与角度。

3）根据系统提示，选择 3 条相互垂直的直线，这 3 条相互垂直的直线是指类似于图 4-14 所示的 3 条直线，即直线 a、b 同垂直于直线 c，并且在直线 c 的同侧。

4）内倒角的结果与 3 条直线拾取的顺序无关，只取决于 3 条直线的相互垂直关系，如图 4-15 所示。

图 4-14 相互垂直的直线

5）【外倒角】命令的使用方法与【内倒角】命令十分类似，此外不再赘述。

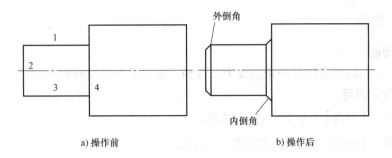

a) 操作前　　　　　　　　　　b) 操作后

图 4-15　内倒角的绘制

4.1.2.4　尖角

1. 功能

在两条曲线(直线、圆弧、圆等)的交点处, 形成尖角过渡。两条曲线若有交点, 则以交点为界, 多余部分被裁剪掉; 两条曲线若无交点, 则系统首先计算出两条曲线的交点, 再将两条曲线延伸至交点处。

2. 命令调用

1) 单击【修改】主菜单中【过渡】子菜单中的□按钮。

2) 单击【过渡工具】工具栏中上的□按钮。

3. 绘图实例

【例4-6】　图 4-16 所示为尖角过渡的几个实例。其中, 图 4-16a 和图 4-16b 所示为由于拾取位置的不同而结果不同的例子, 图 4-16c 和图 4-16d 所示为两条曲线已相交和尚未相交的例子。

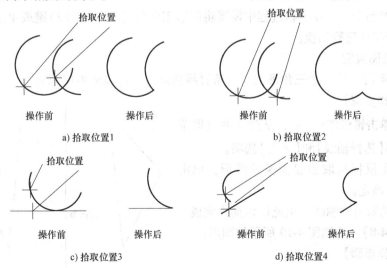

a) 拾取位置1　　　　　　　　　　　b) 拾取位置2

c) 拾取位置3　　　　　　　　　　　d) 拾取位置4

图 4-16　尖角过渡

4.1.3　镜像

1. 功能

将拾取到的图素以某一条直线为对称轴，进行对称镜像或对称复制。

2. 命令调用

1）单击【修改】主菜单中的 按钮。

2）单击【修改工具】工具栏中的 按钮。

3. 菜单介绍

执行【镜像】命令后，弹出立即菜单，如图 4-17 所示。

1）按照系统提示拾取要镜像的图素，可单个拾取，也可用窗口拾取，拾取到的图素变为亮红色显示，拾取完成后单击鼠标右键加以确认。

图 4-17　镜像立即菜单

2）这时操作提示变为"选择轴线"，用鼠标拾取一条作为镜像操作的对称轴线，一个以该轴线为对称轴的新图形立即显示出来，同时原来的实体消失。

3）如果用鼠标单击立即菜单中的【选择轴线】选项，则该选项内容变为"给定两点"。其含义为允许操作者指定两点，两点连线作为镜像的对称轴线，其他操作与前面相同。

4）如果用鼠标选择立即菜单中的【镜像】选项，则该选项内容变为"拷贝"，操作者按这个菜单内容能够进行复制操作。复制操作的方法与操作过程与镜像操作完全相同，只是复制后原图不消失。

5）如果操作者在平移过程中需要将图形正交移动，可按〈F7〉键或单击状态栏中的正交按钮进行切换。

4. 绘图实例

【例 4-7】　将一个三角形关于一条直线镜像，结果如图 4-18 所示。

【操作步骤】

1）单击镜像图标 ，从弹出的立即菜单中选择【选择轴线】和【拷贝】选项。

2）用鼠标拾取需要镜像的图形，单击鼠标右键确定。

3）选取对称轴线，至此镜像操作完成。

【例 4-8】　绘制图 4-19 所示的图形。

【操作步骤】

1）绘制电线杆。单击直线图标 ，从弹出的立即菜单中选择【两点线】和【单个】

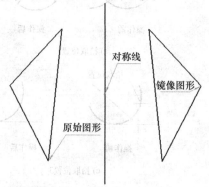

图 4-18　镜像

选项，操作结果如图 4-20 所示。

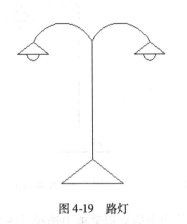

图 4-19 路灯　　　　　　图 4-20 绘制电线杆

2）绘制底座。单击直线按钮 ✎，从弹出的立即菜单中选择【两点线】和【连续】选项，操作结果如图 4-21a 所示。单击镜像按钮 ⚊，从弹出的立即菜单中选择【选择轴线】和【拷贝】选项，拾取电线杆为镜像轴，操作结果如图 4-21b 所示。

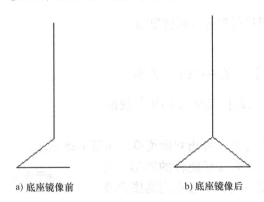

a) 底座镜像前　　　　　　b) 底座镜像后

图 4-21 绘制底座

3）绘制灯管。单击圆弧按钮 ⌒，从弹出的立即菜单中选择【三点圆弧】选项，操作结果如图 4-22 所示。

4）绘制灯罩。单击直线按钮 ✎，从弹出的立即菜单中选择【两点线】和【连续】选项，操作结果如图 4-23a 所示。单击镜像按钮 ⚊，从弹出的立即菜单中选择【拾取两点】和【拷贝】选项，操作结果如图 4-23b 所示。

5）绘制灯泡。单击圆弧按钮 ⌒，从弹出的立即菜单中选择【三点圆弧】选项，操作结果如图 4-24 所示。

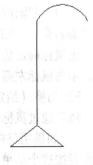

图 4-22 绘制灯管

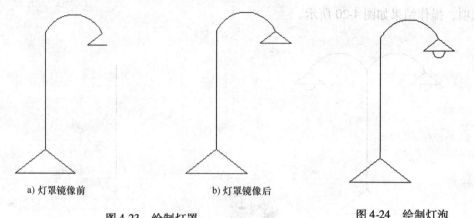

a) 灯罩镜像前　　　　　　　　b) 灯罩镜像后

图 4-23　绘制灯罩　　　　　　　　　　　　图 4-24　绘制灯泡

6）绘制另一侧路灯。单击镜像按钮　，从弹出的立即菜单中选择【选择轴线】和【拷贝】选项，拾取电线杆为镜像轴，操作结果如图 4-19 所示。

4.1.4　旋转

1. 功能

对拾取到的图形进行旋转或旋转复制。

2. 命令调用

1）单击【修改】主菜单中的　按钮。

2）单击【修改工具】工具栏中的　按钮。

3. 菜单介绍

执行【旋转】命令后，弹出立即菜单，如图 4-25 所示。

1）按照系统提示拾取要旋转的图形，可单个拾取，也可用窗口拾取，拾取到的图形变为亮红色显示，拾取完成后单击鼠标右键加以确认。

> 1. 给定角度　　▼　2. 拷贝　　▼
>
> 图 4-25　旋转立即菜单

2）这时操作提示变为"基点"，用鼠标指定一个旋转基点后，操作提示又变为"旋转角"。此时，可以由键盘输入旋转角度，也可以用鼠标移动来确定旋转角。由鼠标确定旋转角时，拾取的图形随光标的移动而旋转。当确定了旋转位置之后，单击鼠标左键，旋转操作结束。还可以通过动态输入旋转角度。

3）切换【给定角度】为【起始终止点】，首先按立即菜单的提示选择旋转基点，然后通过鼠标移动来确定起始点和终止点，完成图形的旋转操作。

4）如果用鼠标单击立即菜单中的【旋转】选项，则该选项内容变为"拷贝"。操作者按这个菜单内容能够进行复制操作。复制操作的方法与操作过程与旋转操作完全相同，只是复制后原图不消失。

4. 绘图实例

【例4-9】 图4-26所示为一个只旋转、不复制的例子，它要求将有键槽的轴的断面图旋转90°放置。

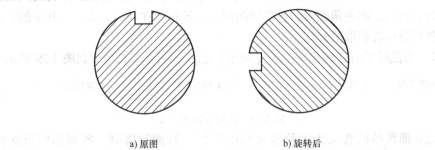

a) 原图   b) 旋转后

图4-26 旋转操作

【例4-10】 图4-27所示为一个旋转复制的例子。

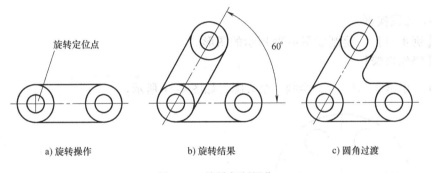

a) 旋转操作   b) 旋转结果   c) 圆角过渡

图4-27 旋转复制操作

4.1.5 阵列

1. 功能

通过一次操作可同时生成若干相同的图形，以提高作图效率。

2. 命令调用

1）单击【修改】主菜单中的 ⊞ 按钮。

2）单击【修改工具】工具栏中的 ⊞ 按钮。

3. 菜单介绍

执行【阵列】命令后，弹出立即菜单1，如图4-28所示。

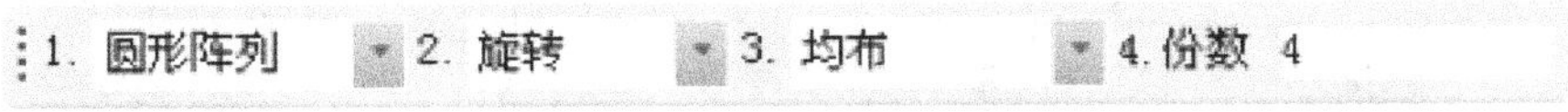

| 1. 圆形阵列 | 2. 旋转 | 3. 均布 | 4. 份数 4 |

图4-28 阵列立即菜单1

1）用鼠标拾取元素，拾取到的图形变为亮红色显示，拾取完成后单击鼠标右键加以确认。按照操作提示，用鼠标左键拾取阵列图形的中心点和基点后，一个阵列复制的结果就显示出来了。

2）系统根据立即菜单中的【旋转】选项，在阵列时自动对图形进行旋转。

3）系统根据立即菜单中的【均布】和【份数】选项，自动计算各插入点的位置，并且各点之间夹角相等。各阵列图形均匀地排列在同一圆周上，其中的份数数值应包括操作者拾取的实体。

4）用鼠标单击立即菜单中的【均布】选项，则立即菜单 2 如图 4-29 所示。

| 1. 圆形阵列 ▼ | 2. 旋转 ▼ | 3. 给定夹角 ▼ | 4. 相邻夹角 30 | 5. 阵列填角 360 |

图 4-29　阵列立即菜单 2

此立即菜单的含义为用给定夹角的方式进行圆形阵列，各相邻图形夹角为 30°，阵列的填充角度为 360°。其中，阵列填充角的含义为从拾取的实体所在位置起，绕中心点逆时针方向转过的夹角。相邻夹角和阵列填角都可以由键盘输入确定。

4. 绘图实例

【例 4-11】　　绘制如图 4-30 所示的图形。

【操作步骤】

1）单击圆图标 ⊙，绘制一个大圆，如图 4-31 所示。

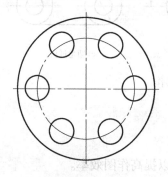

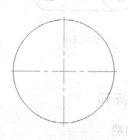

图 4-30　阵列练习图　　　　　　　　　　　图 4-31　绘制大圆

2）改变线型，绘制中心线圆，如图 4-32 所示。

3）改变线型，绘制左边阵列基准圆，如图 4-33 所示。

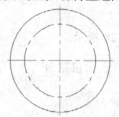

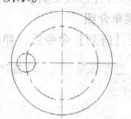

图 4-32　绘制中心线圆　　　　　　　　　图 4-33　绘制左边阵列基准圆

4）单击阵列图标口口，弹出立即菜单，如图 4-34 所示。

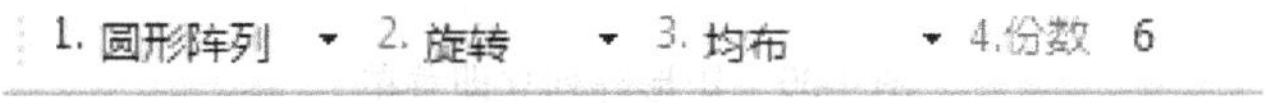

1. 圆形阵列 ▼ 2. 旋转 ▼ 3. 均布 ▼ 4.份数 6

图 4-34 圆形阵列立即菜单

5）拾取小圆，单击鼠标右键表示拾取结束。拾取中心线的交点为阵列中心，操作结果如图 4-30 所示。

【例 4-12】 使用【阵列】等命令绘制如图 4-35 所示的图形。

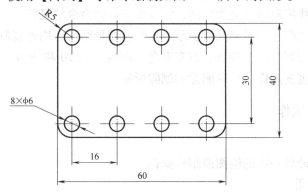

图 4-35 矩形阵列练习图

【操作步骤】

1）绘制矩形。单击矩形按钮▢，弹出立即菜单，如图 4-36 所示。绘制矩形并圆角，操作结果如图 4-37 所示。

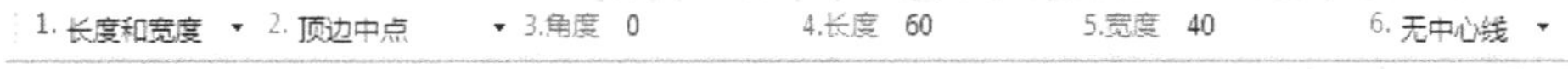

1.长度和宽度 ▼ 2.顶边中点 ▼ 3.角度 0 4.长度 60 5.宽度 40 6.无中心线 ▼

图 4-36 矩形立即菜单

2）绘制圆。单击圆按钮◉，自动捕捉 R5mm 的圆角圆心为圆心，绘制直径为 6mm 的圆，如图 4-38 所示。

图 4-37 绘制矩形并圆角

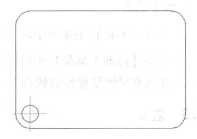

图 4-38 绘制圆

3）矩形阵列。单击阵列按钮口口，弹出立即菜单，如图 4-39 所示。拾取圆，单击鼠标右键表示拾取结束。最终的操作结果如图 4-35 所示。

| 1.矩形阵列 ▾ | 2.行数 2 | 3.行间距 30 | 4.列数 4 | 5.列间距 16 | 6.旋转角 0 |

图 4-39　矩形阵列立即菜单

4.2　图形编辑

曲线编辑命令可以为我们快速、精确地绘制图形提供帮助。而图形编辑命令的应用范围比曲线编辑命令更为广阔，它是曲线编辑命令的延续。

图形编辑主要包括撤销操作、重复操作、图形剪切、图形复制、图形粘贴、拾取删除、删除所有、改变线型、改变颜色、改变图层 10 项内容。这里我们主要介绍撤销操作、重复操作、拾取删除和删除所有。

4.2.1　撤销操作

1. 功能

用于取消最后一次的绘图或编辑操作。

2. 命令调用

1）单击【编辑】主菜单中的 ↰ 按钮。

2）单击【标准工具条】中的 ↰ 按钮。

例如，错误地删除了一个图形，即可使用本命令取消删除操作。【撤销】命令具有多级回退功能，可以回退至任意一次操作的状态。

4.2.2　恢复操作

1. 功能

用于取消最近一次的撤销操作。

2. 命令调用

1）单击【编辑】主菜单中的 ↱ 按钮。

2）单击【标准工具条】中的 ↱ 按钮。

3）在没有可恢复操作的状态下，恢复功能及其下拉菜单均不会被激活。

4.2.3　复制

1. 功能

将选中的图形存储到 Windows 的剪贴板中，以供图形粘贴时使用。

2. 命令调用

1）单击【编辑】主菜单中的 ⧉ 按钮；

2）单击【标准】工具栏中的 🔲 按钮。

执行【复制】命令以后，拾取要复制的图形对象并确认，所拾取的图形对象被存储到 Windows 的剪贴板中，以供粘贴使用。

4.2.4　剪切

1. 功能

将从图形中删除选定对象并将它们存储到 Windows 的剪贴板中，以供图形粘贴时使用。

2. 命令调用

1）单击【编辑】主菜单中的 ✂ 按钮。

2）单击【标准】工具栏中的 ✂ 按钮。

执行【剪切】命令以后，拾取要剪切的图形对象并确认，所拾取的图形对象被删除并且存储到 Windows 的剪贴板中，以供粘贴使用。

4.2.5　粘贴

1. 功能

将剪贴板中的内容粘贴到指定位置。

2. 命令调用

1）单击【编辑】主菜单中的 🔲 按钮。

2）单击【标准】工具栏中的 🔲 按钮。

4.2.6　删除

1. 功能

从图形中删除对象。

2. 命令调用

1）单击【编辑】主菜单中的 ✎ 按钮。

2）单击【修改工具】工具栏中的 ✎ 按钮。

3）执行此命令以后，拾取要删除的图形对象并确认，所拾取的对象就被删除掉。如果想中断本命令，则在确认前按下〈Esc〉键退出即可。

4.3　图幅

4.3.1　图幅设置

1. 功能

为一个图样指定图样尺寸、图样比例和图样方向等参数。

在进行图幅设置时，除了可以指定图样尺寸、图样比例、图样方向外，还可以调入图框和标题栏，并可设置当前图样内所绘装配图中的零件序号、明细表风格等。

国家标准规定了 5 种基本图幅，并分别用 A0、A1、A2、A3、A4 表示。电子图板除了设置了这 5 种基本图幅以及相应的图框、标题栏和明细栏外，还允许自定义图幅和图框。

2. 命令调用

1）单击【幅面主菜单】中的【图幅设置按钮】。

2）单击【图幅】工具栏中的 按钮。

3. 菜单介绍

调用【图幅设置】命令后，弹出如图 4-40 所示的对话框。

图 4-40 　【图幅设置】对话框

（1）图样幅面设置 用鼠标单击【图样幅面】下拉列表框的按钮，弹出一个下拉菜单，其中有从 A0 到 A4 标准图样幅面选项和【操作者定义】选项可供选择。当所选择的幅面为基本幅面时，在【宽度】和【高度】文本框中显示该图样幅面的宽度值和高度值，但不能修改；当选择【操作者定义】选项时，在【宽度】和【高度】文本框中可输入操作者所需要的图样幅面的宽度值和高度值。

（2）图样比例设置 系统绘图比例的默认值为 1:1。这个比例直接显示在绘图比例的对话框中。如果操作者希望改变绘图比例，可用鼠标单击【绘图比例】下拉列表框的按钮，弹出一个下拉菜单，其中的比例值为国标规定的比例系列值。选中某一项后，所选的比例值在【绘图比例】下拉列表框中显示。操作者也可以激活文本框由键盘直接输入新的比例数值。

（3）图样方向设置 图样放置方向由【横放】或【竖放】两个单选按钮控制，被选中者呈黑点显示状态。

（4）标注字高设置 如果需要标注的字高相对幅面固定，即实际字高随绘图比例变化，可选中【标注字高相对幅面固定】复选框。反之，可将此复选框撤选。

4.3.2 调入图框

1. 功能

为当前图样调入一个图框。

电子图板的图框尺寸可随图样幅面大小的变化而作相应的比例调整。比例变化的原点为标题栏的插入点。一般来说，标题栏的插入点位于标题栏的右下角。

2. 命令调用

1）单击【幅面】主菜单中的 按钮。

2）单击【图框】工具栏中的 按钮。

3. 操作步骤

1）调用【调入图框】命令后，弹出如图 4-41 所示的对话框。

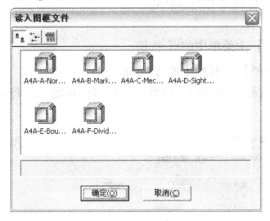

图 4-41 【读入图框文件】对话框

该对话框中列出了在当前设置的模板路径下的符合当前图样幅面的标准图框或非标准图框的文件名，操作者可根据当前作图需要从中选取。

2）选中图框文件后，单击【确定】按钮，即可调入所选择的图框文件。

4.3.3 调入标题栏

1. 功能

为当前图样调入一个标题栏。

如果屏幕上已有一个标题栏，则新标题栏将替代原标题栏。标题栏调入时的定位点为其右下角点。

2. 命令调用

1）单击【幅面】主菜单中的 按钮。

2）单击【标题栏】工具栏中的 按钮。

调用【调入标题栏】命令后，弹出如图 4-42 所示的对话框。

该对话框中列出了已有标题栏的文件名，选择其中之一，然后单击【确定】按钮，一个由所选文件确定的标题栏将显示在图框的标题栏定位点处。

图 4-42 【读入标题栏文件】对话框

4.3.4 填写标题栏

1. 功能

填写当前图形中标题栏的属性信息。

2. 命令调用

1）单击【幅面】主菜单中的 按钮。

2）单击【标题栏】工具栏中的 按钮。

调用【填写标题栏】命令后并拾取可以填写的标题栏，将弹出如图 4-43 所示的对话框。

图 4-43 【填写标题栏】对话框

在【属性编辑】选项卡的【属性值】单元格中直接进行填写编辑即可。

如果选择【自动填写图框上的对应属性】复选框，可以自动填写图框中与标题栏相同字段的属性信息。

第 5 章 工 程 标 注

【提示】 CAXA 电子图板依据《机械制图国家标准》提供了对工程制图进行尺寸标注、文字标注和工程符号标注的一整套方法，并采用智能化手段，使我们的标注工作能方便、灵活、快速、准确地进行，它是绘制工程图样十分重要的手段与组成部分。工程标注的内容庞大而繁杂，这里我们主要给大家介绍经常使用的尺寸标注、文字标注及标注编辑的有关内容。

【目标】 掌握尺寸标注、坐标标注、文字标注、工程标注等标注方法，并可以灵活地对标注进行编辑修改。另外，CAXA 电子图板中各种类型的标注都可以通过相应样式进行参数设置，以满足各种条件下的标注需求。

5.1 尺寸标注

1. 功能

为当前图形中的对象添加尺寸标注。

2. 命令调用

1）单击【标注】主菜单中的├┤按钮。

2）单击【尺寸工具】工具栏中的├┤按钮。

尺寸标注包括基本标注、两点标注、基线标注、连续标注、三点角度标注、角度连续标注、半径标注、大圆弧标注、射线标注、锥度标注和曲率半径标注。

调用【尺寸标注】命令后，弹出如图 5-1 所示的立即菜单。

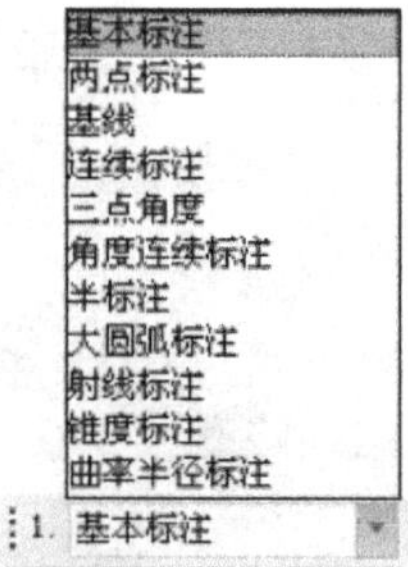

基本标注
两点标注
基线
连续标注
三点角度
角度连续标注
半径标注
大圆弧标注
射线标注
锥度标注
曲率半径标注
1. 基本标注 ▼

5.1.1 基本标注

图 5-1 尺寸标注
立即菜单

1. 线性尺寸标注

线性尺寸标注按照标注方式可分为水平标注、垂直标注、平行标注、基准标注与连续标注 5 种，如图 5-2 所示。

2. 直径尺寸标注

圆直径的尺寸标注应标注前缀 "%c"（显示为 φ），尺寸线通过圆心，尺寸线两个终端均带箭头并指向圆弧。直径尺寸也可标注在非圆视图上，此时它应按照线性尺寸标注，只是在尺寸数值前加注前缀 "%c"，如图 5-3 所示。

3. 半径尺寸标注

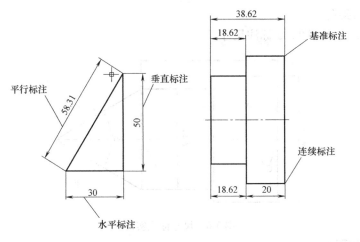

图 5-2　线性尺寸

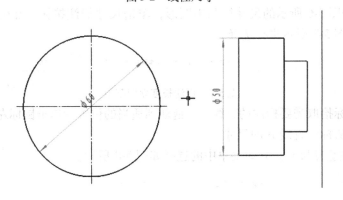

图 5-3　直径尺寸标注

半径尺寸前缀为"R"，尺寸线方向从圆心出发，尺寸线指向圆弧的一段带箭头，如图 5-4 所示。

4. 角度尺寸标注

角度尺寸的尺寸线是圆弧，该圆弧的圆心在两直线的交点上。标注尺寸时系统会自动在其尺寸数值后加上符号"°"。也可以使用键盘输入"%d"的方法加上符号"°"，如图 5-5 所示。

图 5-4　半径尺寸标注

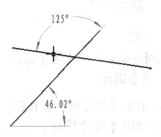

图 5-5　角度尺寸标注

5. 绘图实例

【例 5-1】 为图 5-6 标注尺寸。

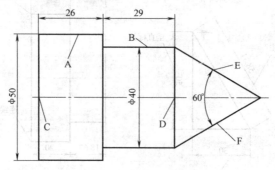

图 5-6 尺寸标注实例

【操作步骤】

1）根据图 5-6 所示的尺寸绘制出图形，单击尺寸标注按钮，在弹出的立即菜单中按照如图 5-7 所示进行选择。

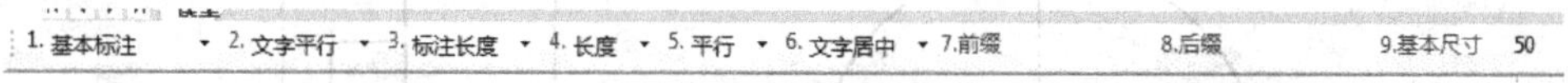

| 1.基本标注 ▼ | 2.文字平行 ▼ | 3.标注长度 ▼ | 4.长度 ▼ | 5.平行 ▼ | 6.文字居中 ▼ | 7.前缀 | 8.后缀 | 9.基本尺寸 50 |

图 5-7 标注长度立即菜单

使用鼠标拾取需要标注的直线 A，拖动到适当的位置后单击鼠标左键定位。使用同样的方法标注直线 B 的尺寸。

2）标注直径尺寸。立即菜单中的选择如图 5-8 所示。

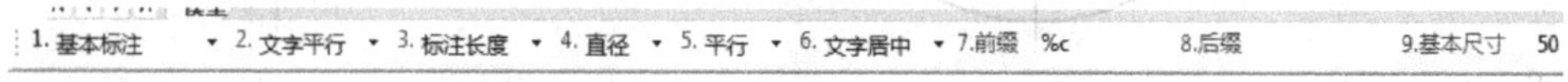

| 1.基本标注 ▼ | 2.文字平行 ▼ | 3.标注长度 ▼ | 4.直径 ▼ | 5.平行 ▼ | 6.文字居中 ▼ | 7.前缀 %c | 8.后缀 | 9.基本尺寸 50 |

图 5-8 标注直径的立即菜单

使用鼠标拾取需要标注的直线 C，拖动到适当的位置后单击鼠标左键定位。使用同样的方法标注直线 D 的尺寸。

3）标注角度。在立即菜单中选择【基本标注】选项，使用鼠标依次拾取需要标注的直线 E 和 F，进行直接标注。也可以使用立即菜单输入标注，将立即菜单中的【标注长度】切换为【标注角度】方式即可，其他条件可根据需要进行输入。

5.1.2 基线标注

1. 功能

从同一基点处引出多个标注。

2. 命令调用

1）单击【尺寸标注】按钮，在弹出的子菜单中单击 ⊟ 按钮。

2）调用【尺寸标注】命令，并在弹出的立即菜单中选择【基线标注】选项。

3. 菜单介绍

调用【基线标注】命令，按照提示操作即可连续生成多个标注，但拾取一个已有标注或引出点的操作方法不同，具体如下。

1）如果拾取一个已标注的线性尺寸，则该线性尺寸就作为基线标注中的第一基准尺寸，并按拾取点的位置确定尺寸基准界线，再按提示标注后续基准尺寸，对应的立即菜单如图 5-9 所示。

图 5-9 基线标注立即菜单 1

立即菜单中各选项的含义如下。

【文字平行/文字水平/ISO 标准】选项：控制尺寸文字的方向。

【尺寸线偏移】选项：指尺寸线的间距。默认为 10mm，可以修改。

【前缀】选项：可在尺寸前加前缀。

【基本尺寸】选项：默认为实际测量值，还可以重新输入数值。

2）如果拾取的是第一引出点，则弹出的立即菜单如图 5-10 所示。

图 5-10 基线标注立即菜单 2

以此引出点作为尺寸基准界线引出点，拾取第二引出点指定尺寸线位置后，即可标注两个引出点间的第一基准尺寸。按照提示反复拾取第二引出点，即可标注出一组基准尺寸。其中，立即菜单中的【正交】指尺寸线平行于坐标轴，可将其切换为【平行】，指尺寸线平行于两点连线方向。

4. 标注实例

【例 5-2】 图 5-11 所示为基线标注的图例。

5.1.3 连续标注

1. 功能

生成一系列首尾相连的线性尺寸标注。

2. 命令调用

1）单击【尺寸标注】按钮，在弹出的子菜单中单击 按钮。

2）调用【尺寸标注】命令，并在弹出的立即菜单中选择【连续标注】选项。

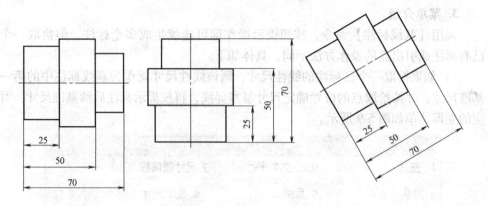

图 5-11　基线标注图例

3. 操作方法

1）如果拾取一个已标注的线性尺寸，则该线性尺寸就作为连续尺寸中的第一个尺寸，并按拾取点的位置确定尺寸基准界线，沿另一方向可标注后续的连续尺寸，此时相应的立即菜单如图 5-12 所示。

图 5-12　连续标注立即菜单 1

给定第二引出点后，按照提示可以反复拾取适当的第二引出点，即可标注出一组连续尺寸。

2）如果拾取的是第一引出点，则此引出点为尺寸基准界线的引出点，按照提示拾取第二引出点后，立即菜单变为如图 5-13 的内容。

图 5-13　连续标注立即菜单 2

可以标注两个引出点间的 X 轴方向、Y 轴方向或沿二点方向的连续尺寸中的第一尺寸，系统重复提示"第二引出点"，此时，操作者通过反复拾取适当的第二引出点，即可标注出一组连续尺寸。

4. 标注实例

【例 5-3】　标注如图 5-14 所示的尺寸。

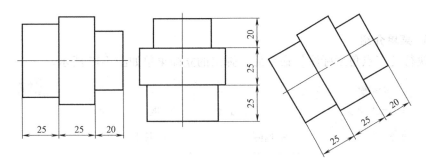

图 5-14 连续标注图例

5.1.4 大圆弧标注

1. 功能

生成大圆弧标注。

2. 命令调用

1）单击【尺寸标注】按钮，在弹出的子菜单中单击 按钮。

2）调用【尺寸标注】命令，并在弹出的立即菜单中选择【大圆弧标注】选项。

3. 菜单介绍

大圆弧标注立即菜单如图 5-15 所示。

1. 大圆弧标注	2. 前缀 R	3. 后缀	4. 基本尺寸	414.02

图 5-15 大圆弧标注立即菜单

先拾取圆弧，拾取圆弧之后圆弧的尺寸值在立即菜单的【基本尺寸】文本框中显示出来。操作者也可以输入尺寸值。依次指定第一引出点、第二引出点和定位点后即可完成大圆弧标注。

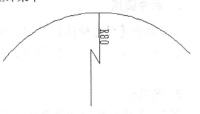

4. 绘图实例

【例 5-4】 使用【大圆弧标注】命令标注如图 5-16 所示的尺寸。

图 5-16 大圆弧标注实例

5.1.5 三点角度标注

1. 功能

生成一个三点角度标注。

2. 命令调用

1）单击【尺寸标注】按钮，在弹出的子菜单中单击 按钮。

2）调用【尺寸标注】命令，并在弹出的立即菜单中选择【三点角度标注】选项。

3. 菜单介绍

执行【三点角度标注】命令后，弹出的立即菜单如图 5-17 所示。

图 5-17　三点标注立即菜单

立即菜单中各选项的含义如下。

单击【度】选项，可以切换为【度分秒】。根据提示拾取顶点、第一点和第二点，并确认标注的位置即可。第一引出点和顶点的连线与第二引出点和顶点的连线之间的夹角即为三点角度标注的角度值。

4. 绘图实例

【例 5-5】　标注如图 5-18 所示的尺寸。

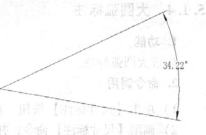

图 5-18　三点角度标注实例

5.1.6　锥度/斜度标注

1. 功能

生成锥度或斜度标注。

2. 命令调用

1）单击【尺寸标注】按钮，在弹出的子菜单中单击 按钮。

2）调用【尺寸标注】命令，并在弹出的立即菜单中选择【锥度/斜度标注】选项。

3. 菜单介绍

锥度/斜度标注立即菜单如图 5-19 所示。

图 5-19　锥度/斜度标注立即菜单

立即菜单中各选项的含义如下。

1）单击【锥度】选项，可以切换为【斜度】。斜度的默认尺寸值为被标注直线相对轴线高度差与直线长度的比值，用 1：X 表示；锥度的默认尺寸值是斜度的 2 倍。

2）单击【正向】选项，可以切换为【反向】，用来调整锥度或斜度符号的方向。

3）单击【加引线】选项，控制是否加引线。

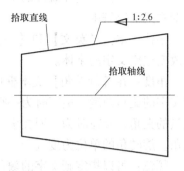

4）单击【文字无边框】选项，设置标注的文字是否加边框。

5）确认立即菜单的参数后，先拾取轴线，再拾取直线。拾取直线后，在立即菜单中显示默认尺寸值。操作者也可以输入尺寸值。

6）使用鼠标拖动尺寸线，在适当位置输入文字定位点即可完成锥度标注。

4. 标注实例

【例 5-6】　标注如图 5-20 所示的尺寸。

图 5-20　锥度标注实例

5.2　文字标注

5.2.1　文字

1. 功能

用于在图样上填写各种技术说明、技术要求等中文或西文的文字。

2. 命令调用

1）单击【绘图】主菜单中的 **A** 按钮。

2）单击【绘图工具】工具栏中的 **A** 按钮。

3. 菜单介绍

生成文字有指定两点、搜索边界和拾取曲线 3 种方式。

执行【文字】命令后，在弹出的立即菜单中选择【指定两点】选项，根据提示用鼠标指定要标注文字的矩形区域的第一角点和第二角点，然后系统将弹出文字输入对话框和文本编辑器，如图 5-21 所示。

图 5-21　文字编辑器

在文本编辑器中设置文字参数后，在文字输入对话框中输入文字，然后单击【确定】按钮即可。

文本编辑器中各选项的含义和用法如下。

样式：单击【样式】下拉列表框，可以选择要生成文字的文字风格。文字风格的切换对整段文字有效。如果将新样式应用到当前编辑的文字对象中，用于字体、高度和粗体或斜体属性的字符格式将被替代，下画线和颜色属性将保留在应用了新样式的字符中。

字体：单击【英文】和【中文】下拉列表框，可以为新输入的文字指定字体或改变选定文字的字体。

角度：在【旋转角】文本框中可以为新输入的文字设置旋转角度或改变已选定文字的旋转角度。横写时为一行文字的延伸方向与坐标系的 x 轴正方向按逆时针测量的夹角；竖写时为一列文字的延伸方向与坐标系的 y 轴负方向按逆时针测量的夹角。旋转角的单位为度（°）。

颜色：可以指定新文字的颜色或更改选定文字的颜色。

文字高度：设置新文字的字符高度或修改选定文字的高度。

粗体：单击该选项，打开或关闭新文字或选定文字的粗体格式。此选项仅适用于使用 TrueType 字体的字符。

倾斜：单击该选项，打开或关闭新文字或选定文字的斜体格式。此选项仅适用于使用 TrueType 字体的字符。

下画线：单击该选项，为新文字或选定文字添加或去除下画线。

中间线：单击该选项，为新文字或选定文字添加或去除中间线。

上画线：单击该选项，为新文字或选定文字添加或去除上画线。

书写方向：设置文字的书写方向是横写或竖写。

插入符号：单击【插入符号】下拉列表框，可以插入各种特殊符号，包括直径符号、角度符号、正负号、偏差、上下标、分数、粗糙度、尺寸特殊符号等，如图 5-22 所示。其中，偏差的设置如图 5-23 所示；分数的设置如图 5-24 所示；上下标的设置如图 5-25 所示。

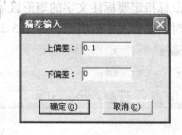

图 5-22　特殊符号列表　　　　　　　图 5-23　【偏差输入】对话框

4. 文字标注实例

【例 5-7】　使用【文字标注】命令输入下列文字。

掌握先进科学技术刻不容缓
全国大学生模拟设计大赛

图 5-24 【分数输入】对话框

图 5-25 【上下输入】对话框

5.2.2 引出说明

1. 功能

用于标注引出注释。引出说明由文字和引出线两部分组成。引出点处可带箭头，也可不带箭头；文字可输入中文，也可输入西文。

2. 命令调用

1）单击【标注】主菜单中的 按钮。

2）单击【标注】工具栏中的 按钮。

3. 操作步骤

1）调用【引出说明】命令后，弹出如图 5-26 所示的对话框。

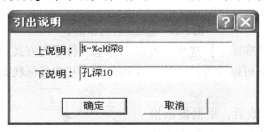

图 5-26 【引出说明】对话框

2）在【引出说明】对话框中输入需要的上下说明文字。若只需一行说明，则只输入上说明。单击【确定】按钮，进入下一步操作；单击【取消】按钮，结束此命令。

3）单击【确定】按钮后弹出如图 5-27 所示的立即菜单。

4）按照提示输入第一点后，系统接着提示"第二点："。

5）按需要位置输入第二点后，即完成引出说明标注。引出说明标注实例如图 5-28 所示。

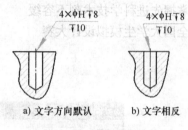

图 5-27　引出说明立即菜单

图 5-28　引出说明标注实例

5.3　工程标注

5.3.1　基准标注

1. 功能

用于标注几何公差中的基准部位的代号。

2. 命令调用

1）单击【标注】主菜单中的 A 按钮。

2）单击【标注】工具栏中的 A 按钮。

3. 菜单介绍

1）执行【基准标注】命令后，弹出的立即菜单如图 5-29 所示。

i 1. 基准标注　▼ 2. 给定基准　▼ 3. 默认方式　▼ 4. 基准名称　A

图 5-29　基准标注立即菜单

2）单击【1. 基准标注】选项，可以选择基准符号的方式：基线标注和基准目标。基线标注状态下可以设置基准的方式和名称，基准目标状态下可以设置目标标注或代号标注。

3）确定各项参数后，根据提示拾取定位点、直线或圆弧，并确认标注位置，即可生成基准符号。

注意：如果拾取的是定位点，用拖动方式或从键盘输入旋转角后，即可完成基准符号的标注；如果拾取的是直线或圆弧，可标注出与直线或圆弧相垂直的基准符号。

4. 标注实例

【例 5-8】　图 5-30 所示为基准符

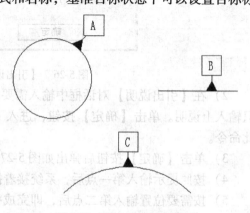

图 5-30　基准符号标注实例

号标注实例。

5.3.2 几何公差

1. 功能

标注几何公差。

2. 命令调用

1）单击【标注】主菜单中的 按钮。

2）单击【标注】工具栏中的 按钮。

3. 菜单介绍

调用【形位公差⊖】命令后，弹出如图 5-31 所示的【形位公差】对话框。该对话框共分为以下几个区域。

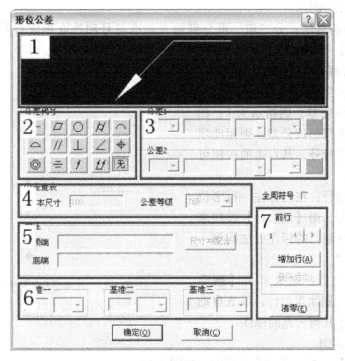

图 5-31 【形位公差】对话框

1）预显区：在对话框上部，显示填写与布置结果。

2）形位公差符号区：它排列出形位公差的【直线度】、【平面度】、【圆度】等符号按钮，操作者单击某一按钮，即可在显示图形区填写。

3）形位公差数值区由 4 部分组成。

⊖ 在 GB/T 1182—2008 中，"形位公差"已改为"几何公差"，为与 CAXA 电子图板 2011 软件相符合，本节内容仍使用旧称"形位公差"。

1）【公差数值】下拉列表框：用于选择直径符号"φ"或符号"S"的输出。

2）数值输入框：用于输入形位公差数值。

3）【形状限定】下拉列表框：可选项为【空】、【－】（只许中间向材料内凹下）、【＋】（只许中间向材料外凸起）、【＞】（只许从左至右减小）和【＜】（只许从右至左减小）。

4）【相关原则】下拉列表框：可选项为【空】、【P】（延伸公差带）、【M】（最大实体要求）、【E】（包容要求）、【L】（最小实体要求）和【F】（非刚性零件的自由状态条件）。

5）公差查表区：在选择公差符号、输入基本尺寸和选择公差等级以后自动给出公差值。

6）附注区：单击【尺寸与配合】按钮，弹出公差输入对话框，可以在形位公差处增加公差的附注。

7）基准符号区：分三组，可分别输入基准符号和选取相应符号（如【P】、【M】或【E】等）。

8）行管理区：它包括以下 3 部分内容。

① 指示当前行的行号：如果只标注一行形位公差，则指示为 1；如果同时标注多行形位公差，则用此项可以指示当前行号，其右边的按钮可切换当前行。

② 增加行：在已标注一行形位公差的基础上，用【增加行】按钮来标注新行，在新行的标注方法同第一行的标注相同。

③ 删除行：如果单击【删除行】按钮，则删除当前行，系统自动重新调整整个几何公差的标注。

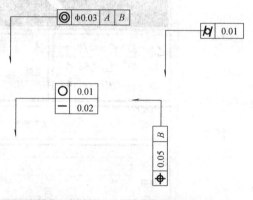

图 5-32　几何公差标注实例

4. 标注实例

【例 5-9】　标注下列几何公差，如图 5-32 所示。

5.3.3　粗糙度

1. 功能

标注表面粗糙度符号。

2. 功能调用

1）单击【标注】主菜单中的 √ 按钮。

2）单击【标注】工具栏中的 √ 按钮。

3. 菜单介绍

执行【粗糙度】命令，弹出立即菜单，如图5-33所示。

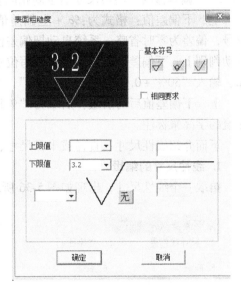

图5-33　粗糙度立即菜单

立即菜单的第一项中有两个选项：简单标注和标准标注，即粗糙度标注可分为简单标注和标准标注两种方式。

1）简单标注　简单标注只标注表面处理方法和粗糙度值。表面处理方法可通过立即菜单的第三项来选择：去除材料、不去除材料和基本符号。粗糙度值可通过立即菜单的第四项输入。

2）标准标注。切换立即菜单的第一项为【标准标注】，同时弹出如图5-34所示的对话框。

该对话框中包括了粗糙度的各种标注：基本符号、纹理方向、上限值、下限值以及说明标注等，操作者可以在预显框中看到标注结果，然后单击【确定】按钮确认。

4. 标注实例

【例5-10】　图5-35所示为粗糙度标注实例。

图5-34　【表面粗糙度】对话框

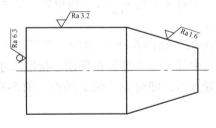

图5-35　粗糙度标注实例

5.4　标注编辑

5.4.1　立即菜单标注编辑

在尺寸标注或尺寸编辑中，当立即菜单的【基本尺寸】或【前缀】等文本框中可以直接输入特殊字符。在尺寸值输入中，一些特殊符号，如直径符号"φ"（可用动态键盘输入）、角度符号"°"及公差的上下偏差值等，可通过电子图板规定的前缀和后缀符号来实现。

直径符号：用"%c"表示。例如，输入"%c40"，则标注为"φ40"。

角度符号：用"%d"表示。例如，输入"30%d"，则标注为"30°"。

公差符号："±"用"%p"表示。例如，输入"50%p0.5"，则标注为"50±0.5"，偏差值的字高与尺寸值字高相同。

上、下偏差值：格式为:%+上偏差值+%+下偏差值+%b，偏差值必须带符号，偏差为零时省略。系统自动把偏差值的字高选用比尺寸值字高小一号，并且自动判别上、下偏差，自动布置其书写位置，使标注格式符合国家标准的规定。例如，输入"50%+0.003%-0.013%b"，则标注为"$50^{+0.003}_{-0.013}$"。

上、下偏差值后的后缀：后缀为"%b"，系统自动把后续字符字高恢复为尺寸值的字高来标注。

下面介绍线性尺寸、直径或半径尺寸、角度尺寸等尺寸类标注的编辑方法。

1. 线性尺寸的编辑

拾取一个线性尺寸，出现如图 5-36 所示的立即菜单。

立即菜单					
1. 尺寸线位置 ▼	2. 文字平行 ▼	3. 文字居中 ▼	4. 界线角度	90	
5. 前缀	6. 后缀	7. 基本尺寸	100		

图 5-36 线性尺寸编辑立即菜单

此立即菜单的第一项中有 4 个选项：尺寸线位置、文字位置、文字内容和箭头形状。默认为尺寸线位置。

（1）尺寸线位置的编辑 在图 5-36 所示的立即菜单中可以修改文字的方向、界线的角度及尺寸值。其中【界线角度】选项用于指定尺寸界线与水平线的夹角。

输入新的尺寸线位置点后，即可完成编辑操作。图 5-37 所示为编辑线性尺寸的尺寸线位置的图例。

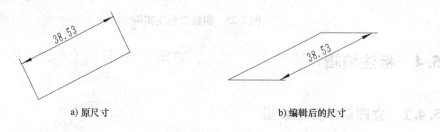

a) 原尺寸   b) 编辑后的尺寸

图 5-37 编辑线性尺寸的尺寸线位置图例

（2）文字位置的编辑 文字位置的编辑只修改文字的定位点、文字角度和尺寸值，尺寸线及尺寸界线不变。切换立即菜单的第一项为【文字位置】，相应的立即菜单变为如图5-38所示的内容。

1. 文字位置
2. 不加引线
3. 前缀
4. 后缀
5. 基本尺寸 100

图5-38 文字位置编辑立即菜单

在图5-38所示的立即菜单中可以选择是否加引线、以及修改文字的角度及尺寸值。输入文字新位置点后即可完成编辑操作。图5-39所示为编辑线性尺寸的文字位置的图例。

38.53
38.53

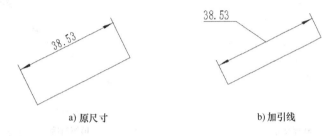

a) 原尺寸 b) 加引线

图5-39 编辑线性尺寸的文字位置图例

2. 编辑直径尺寸或半径尺寸

拾取一个直径尺寸或半径尺寸，出现如图5-40所示的立即菜单。

1. 尺寸线位置
2. 文字平行
3. 文字居中
4.界限角度 0
5.前缀 %c
6.后缀
7.基本尺寸 60

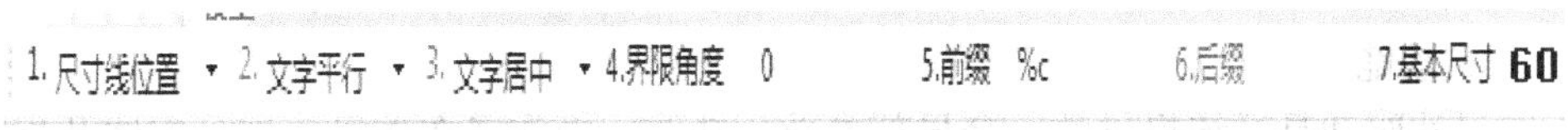

图5-40 编辑直径尺寸或半径尺寸立即菜单

此立即菜单的第一项中有两个选项：尺寸线位置和文字位置。默认为尺寸线位置。

1）直径尺寸或半径尺寸的尺寸线位置编辑。在图5-40所示的立即菜单中可以修改文字的方向及尺寸值。输入新的尺寸线位置点后即可完成编辑操作。图5-41所示为编辑直径尺寸的尺寸线位置的图例。

ϕ39.43
ϕ60

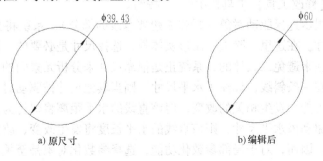

a) 原尺寸 b) 编辑后

图5-41 编辑直径尺寸的尺寸线位置图例

2）直径尺寸或半径尺寸的文字位置编辑。切换立即菜单的第一项为【文字位置】，相应的立即菜单变为如图 5-42 所示的内容。

| 1. 文字位置 ▾ | 2. 前缀 %c | 3. 后缀 | 4. 基本尺寸 60 |

图 5-42　文字位置编辑立即菜单

在图 5-42 所示的立即菜单中可以选择是否加引线，以及修改文字的角度及尺寸值。输入新的文字位置点后即可完成编辑操作。图 5-43 所示为编辑直径尺寸的文字位置的图例。

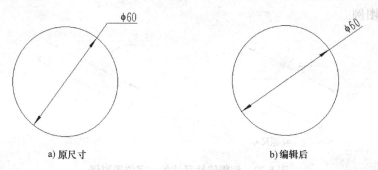

a) 原尺寸　　　　　　　　　　　　　　b) 编辑后

图 5-43　编辑直径尺寸的文字位置图例

5.4.2　尺寸驱动

1. 功能

尺寸驱动是系统提供的一套局部参数化功能。操作者在选择一部分实体及相关尺寸后，系统将根据尺寸建立实体间的拓扑关系。当操作者选择想要改动的尺寸并改变其数值时，相关实体及尺寸也将受到影响而发生变化，但元素间的拓扑关系保持不变，如相切、相连等。另外，系统还可自动处理过约束及欠约束的图形。

2. 命令调用

1）单击【修改】主菜单中的 按钮。

2）单击【修改工具】工具栏中的 按钮。

根据系统提示选择驱动对象（操作者想要修改的部分），系统将只分析选中部分的实体及尺寸。在这里，除选择图形实体外，选择尺寸是必要的，因为工程图样是依靠尺寸标注来避免二义性的，系统正是依靠尺寸来分析元素间的关系。

例如，存在一条斜线，标注了水平尺寸，则当其他尺寸被驱动时，该直线的斜率及垂直距离可能会发生相关的改变，但该直线的水平距离将保持为标注值。同样的道理，如果驱动该水平尺寸，则该直线的水平长度将发生改变，改变为与驱动后的尺寸值一致。因而，对于局部参数化功能，选择参数化对象是至关重要的。为了使驱动的结果与自己的设想一致，有必要在选择驱动对象之前作必要的尺寸标注，对该动的和不该动的关系作个必要的定义。

一般来说，某实体如果没有必要的尺寸标注，系统将会根据【连接】、【正交】、【相切】等一般的默认准则判断实体之间的约束关系。然后操作者应指定一个合适的基准点。由于任何一个尺寸表示的均是两个（或两个以上）图形对象之间的相关约束关系，如果驱动该尺寸，必然存在着一端固定，另一端移动的问题，系统将根据被驱动尺寸与基准点的位置关系来判断哪一端该固定，从而驱动另一端。具体指定哪一点为基准，多用几次后操作者将会有清晰的体验。一般情况下，应选择一些特殊位置的点，如圆心、端点、中心点、交点等。

在前两步的基础上，最后是驱动某一尺寸（提示 3）。选择被驱动的尺寸，而后按照提示输入新的尺寸值，则被选中的实体部分将被驱动，在不退出该状态（该部分驱动对象）的情况下，操作者可以连续驱动多个尺寸。

【例 5-11】　图 5-44 所示为带轮的初步设计图形，图 5-44a 是原图，图 5-44b 是驱动中心距，图 5-44c 是驱动大圆的半径。

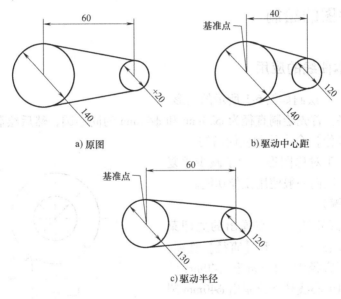

a) 原图　　　　　　　　　　　　　b) 驱动中心距

c) 驱动半径

图 5-44　尺寸驱动实例

第6章 绘制图形

【提示】 本章在前几章的基础上，通过几个零件图的绘制过程，进一步讲解电子图板的图形绘制与编辑功能，并介绍计算机绘图的基本作图技巧、方法和步骤，大家在今后的绘图过程中可以去尝试，筛选出最简捷的作图方法。

【目标】 掌握直线、圆、圆弧、椭圆、多边形等图形的创建与修整方法，掌握装配图的绘制过程。

6.1 零件图的绘制

6.1.1 基本曲线的应用

【例6-1】 绘制如图6-1所示的图形。

绘制思路：首先绘制直径为 φ20mm 和 φ40mm 的同心圆，然后绘制右侧吊钩，最后使用【镜像】命令绘制左侧吊钩。

提示：对于对称图形，为了减少重复的绘制步骤，我们一般使用镜像功能。

【操作步骤】

1) 单击圆按钮⊙，在弹出的立即菜单中选择【圆心_半径】和【直径】选项，在绘图区绘制直径为 φ20mm 和 φ40mm 的同心圆。使用中心线功能绘制出 φ40mm 圆的中心线，并将中心线的垂直线延长，如图6-2所示。然后单击【平行线】按钮，在弹出的立即菜单中选择【偏移方式】和【单向】选项。根据提示选择垂直线，通过键盘输入距离"10"，按回车键，操作结果如图6-3所示。使用同样的方法绘制出几根直线，如图6-4所示。

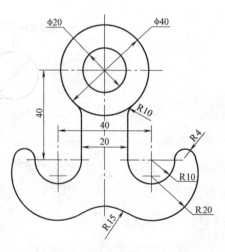

图6-1　绘制图形

2) 根据上一步中找到的圆心绘制 R10mm 与 R20mm 的圆。单击圆按钮⊙，在弹出的立即菜单中选择【圆心_半径】和【半径】选项，按空格键，在弹出的工具点菜单中选择【交点】选项，输入半径"10"后按回车键。使用同样的方法绘

制 R20mm 的圆，如图 6-5 所示。为了作图方便，我们可以利用曲线编辑命令对不
需要的线进行修整，如图 6-6 所示。

3）绘制 R4mm 的圆。单击圆按钮⊙，在弹出的立即菜单中选择【两点_半径】
选项，根据系统提示，单击空格键，在弹出的工具点菜单中选择【切点】选项，
分别在 R10mm 和 R20mm 的圆上捕捉切点，输入半径 "4" 后按回车键，然后绘制
出 R10mm 和 R20mm 的圆的中心线，如图 6-7 所示。

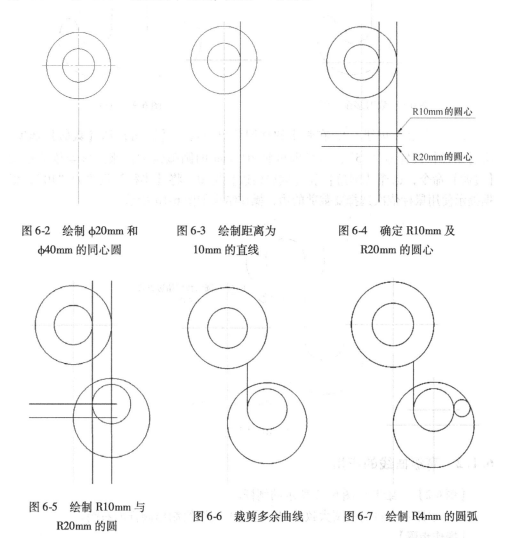

图 6-2　绘制 φ20mm 和　　　图 6-3　绘制距离为　　　图 6-4　确定 R10mm 及
　　　　φ40mm 的同心圆　　　　　　10mm 的直线　　　　　　　R20mm 的圆心

图 6-5　绘制 R10mm 与　　　　　　　　　　　　　　　　　
　　　　R20mm 的圆　　　　图 6-6　裁剪多余曲线　　　图 6-7　绘制 R4mm 的圆弧

4）完成以上步骤后，可以使用【裁剪】命令对已经绘制好的图形进行编辑，
裁减掉多余的线段，使图形界面变得简单，如图 6-8 所示。

5）使用镜像功能绘制左侧的图形。单击镜像按钮▲，在弹出的立即菜单中
选择【轴线】和【拷贝】选项，使用鼠标拾取需要镜像的元素，并单击鼠标右键

确认；拾取轴线，完成绘制，如图 6-9 所示。

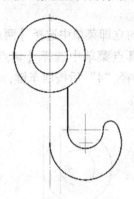
图 6-8　裁剪多余曲线

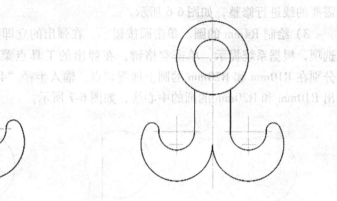
图 6-9　镜像

6）单击过渡按钮 ，在弹出的立即菜单中选择【圆角】和【裁剪】选项、将【半径】设置为 "15"，这样即可将 R15mm 的圆弧绘制出来。接着依旧使用【过渡】命令，选择【圆角】和【裁剪始边】选项，将【半径】设置为 "10"，根据提示使用鼠标依次选择要裁剪的边，操作结果如图 6-10 所示。

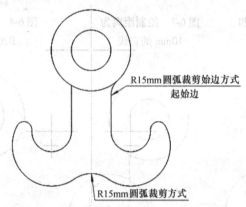

R15mm圆弧裁剪始边方式起始边

R15mm圆弧裁剪方式

图 6-10　圆角过渡

6.1.2　高级曲线的应用

【例 6-2】　绘制如图 6-11 所示的阀杆。

绘制思路：先将前视图大致绘出，通过 F 视图绘制出阀杆的右端。

【操作步骤】

1）绘制 1:5 的锥形塞。单击孔/轴按钮 ，在弹出的立即菜单中选择【轴】、【起始直径】选项，设置【起始直径】为 "22.2"，【终止直径】为 "33"，在绘图区选取一点，通过键盘输入尺寸 "54"，按回车键后按〈Esc〉键退出，如图 6-12 所示。

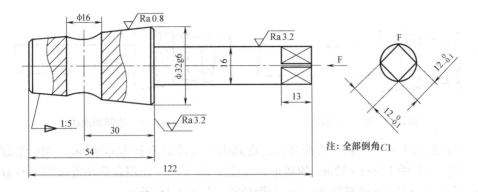

图 6-11 阀杆

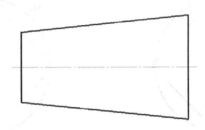

图 6-12 绘制 1:5 的锥形塞

2）使用同样的方法将右侧 φ16mm 的杆绘制出来，如图 6-13 所示。

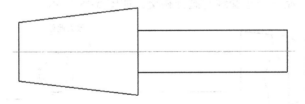

图 6-13 绘制 φ16mm 的杆

3）使用【平行线】命令绘制 φ16mm 的通槽，如图 6-14 所示。

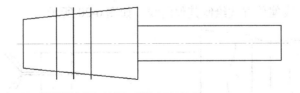

图 6-14 绘制 φ16mm 的通槽

4）使用三点圆弧方式大致绘制出相贯线，并修剪多余的曲线；使用样条曲线绘制出剖视图边界，如图 6-15 所示。修剪并填充剖面线，如图 6-16 所示。

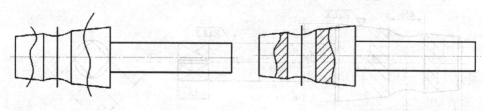

图 6-15　绘制相贯线　　　　　　　　　图 6-16　绘制剖面线

5）绘制 F 视图。将中心线延长，在其端点处绘制直径为 φ16mm 的圆；绘制一个旋转 45°的 12mm×12mm 的矩形，如图 6-17 所示。使用裁剪功能将其进行裁剪，并绘制 φ32mm 的圆和 φ30mm 的倒角圆，如图 6-18 所示。

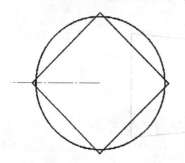
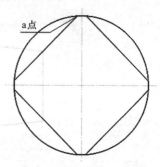

图 6-17　绘制 φ16mm 的圆和　　　　　　图 6-18　绘制 φ32mm 的圆及
　　　　12mm×12mm 的矩形　　　　　　　　　　倒角圆并裁剪多余曲线

6）从 a 点绘制一条正交线与阀杆相交，如图 6-19 所示。

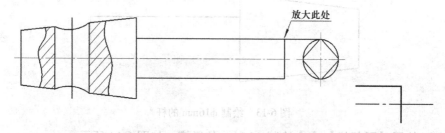

图 6-19　绘制与阀杆相交的正交线

7）使用平行线偏移方式绘制其他的线，如图 6-20 所示。

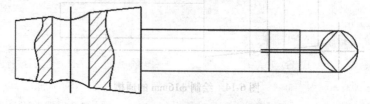

图 6-20　使用平行线偏移方式绘制其他的线

8）使用裁剪功能进行修整，注意将 a 处放大裁剪，如图 6-21 所示。

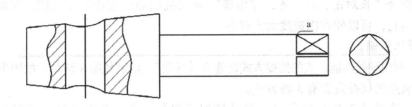

图 6-21　裁剪修整

9）使用倒角功能将图形进行倒角，并用两点线将各个线绘制出来，如图 6-22 所示。

图 6-22　倒角

10）标注视图尺寸，操作结果见图 6-11 所示。

6.2　绘制三视图

【例 6-3】　轴承座的绘制。

前面列举的例题都是用一个图形来表达零件的，而本例是用 3 个图形来表达零件的，也就是我们平时所说的三视图。CAXA 电子图板为我们设置了保证三视图在

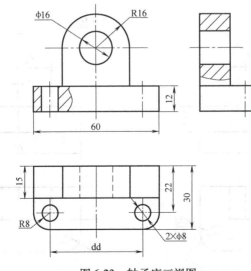

图 6-23　轴承座三视图

投影上符合"长对正、高平齐、宽相等"的三视图导航辅助作图功能，正确、熟练地使用它，可以使作图速度大大提高。

【操作步骤】

1）利用导航功能，点的捕捉方式设置为【导航】，绘制如图 6-24 所示的图形。导航点的捕捉设置有 3 种方式。

① 选择【工具】主菜单中的【捕捉设置】命令，弹出【捕捉设置】对话框，设置为【导航】，单击【确定】按钮。

② 使用〈F6〉键可以交替切换自由捕捉、智能捕捉、栅格捕捉和导航捕捉。

③ 在屏幕右下角有点捕捉状态设置区，从中选择【导航】选项。

2）设置中心线层为当前层，使用【直线】命令绘制全部中心线，如图 6-25 所示。

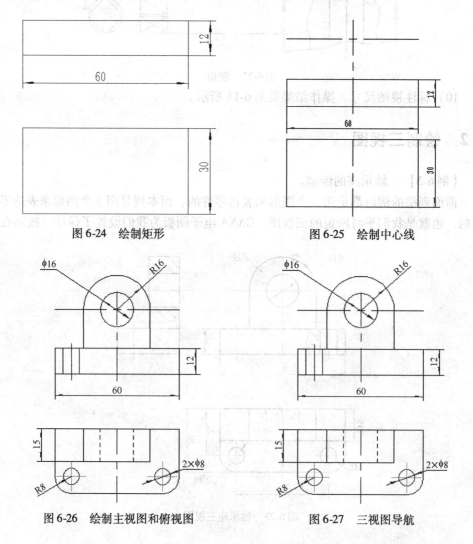

图 6-24　绘制矩形　　　　　　　　　　　图 6-25　绘制中心线

图 6-26　绘制主视图和俯视图　　　　　　图 6-27　三视图导航

3）利用导航功能绘制主视图和俯视图，如图 6-26 所示。

4）按下〈F7〉键实现三视图导航的切换。当系统提示"第一点"时，可在主视图与俯视图之间的适当位置输入一个点；当系统提示"第二点"时，拖动光标到适当的位置输入第二点。输入第二点后，在屏幕上绘制出一条 45°或 135°的黄色导航线。如果此时系统为导航状态，则系统将以此导航线为视图转换线进行三视图导航，如图 6-27 所示。

5）绘制左视图。设置 0 层为当前层，使用前面已学的图形绘制和图形编辑功能绘制完成轴承座三视图，如图 6-23 所示。

6.3　绘制装配图

【例 6-4】　绘制如图 6-28 所示的装配图。

绘制装配图是一件比较繁琐的事情，使用 CAXA 电子图板能够快速地绘制各个零件图，然后使用平移、旋转、块操作等功能将各个零件图进行组合装配，最终完成装配。装配图是对我们掌握熟练度和对软件了解程度的检验，只有熟悉 CAXA 电子图板的各个功能，并掌握其特点，才能更好地进行绘制装配图。

1. 绘制思路

1）绘制各个零件图。在绘制零件图时，可以使用 CAXA 电子图板中的特殊功能，使我们的绘制步骤变得简便。例如，绘制零件图 1 的轴时，使用【高级绘图】面板中的【轴/孔】命令进行绘制，可以减少我们的绘制步骤；在绘制零件图 3 的锥度时，也可以使用【轴/孔】命令进行绘制，只需要将【起始直径】和【终止直径】进行修改即可。

2）将各个零件图进行组合时，先将零件 1 和零件 2 进行组合并进行修整，然后旋转、平移，再和零件 3 进行组合装配，并进行最后的修整，完成绘制。

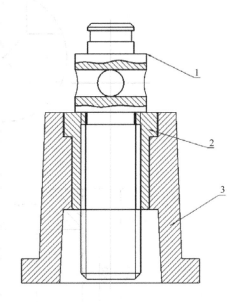

图 6-28　装配图

2. 绘制步骤

1）使用 CAXA 电子图板将图 6-29 所示的各个零件图绘制出来。

2）组合零件 1 和零件 2。首先将零件 1 绘制并修整成如图 6-30 所示的图形，然后将零件 2 绘制并修整成如图 6-31 所示的图形。

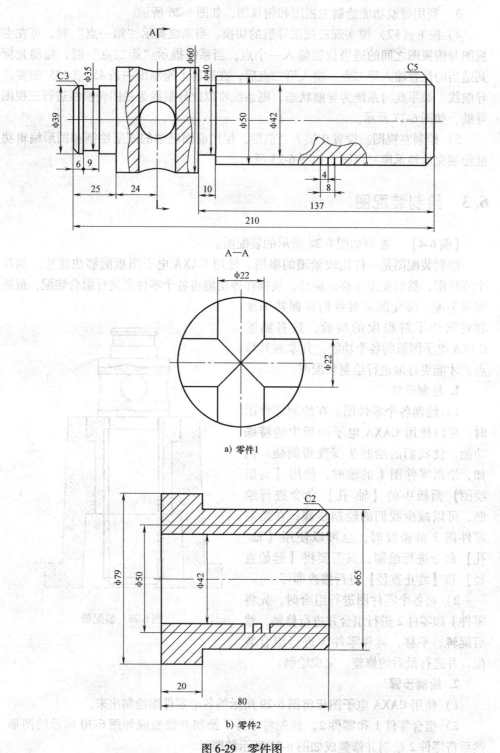

a) 零件1

b) 零件2

图 6-29 零件图

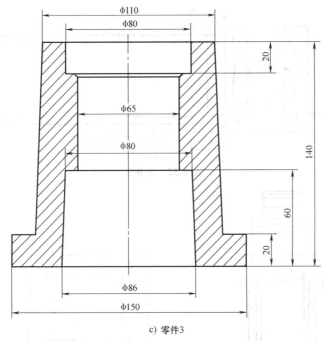

c) 零件3

图 6-29 零件图（续）

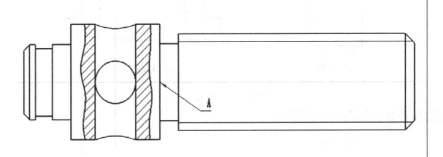

图 6-30 组合零件 1

3）使用平移功能将两个图形进行装配。单击【平移】按钮，用鼠标选取图 6-31 上的所有的图素，设置图 6-31 以 B 点为平移的基点，使用鼠标将它平移到图 6-30 的 A 点位置，并放置在 A 点上，如图 6-32 所示。

4）将图 6-32 上的图素进行 90°旋转，竖直放置，如图 6-33a 所示。

5）使用平移功能，将图 6-33a 以 A 点为平移的基点，移动至图 6-33b 中的 B 点处，如图 6-34 所示。

6）使用曲线编辑命令将多余的线段进行修剪，并

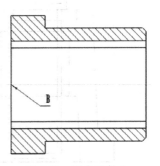

图 6-31 组合零件 2

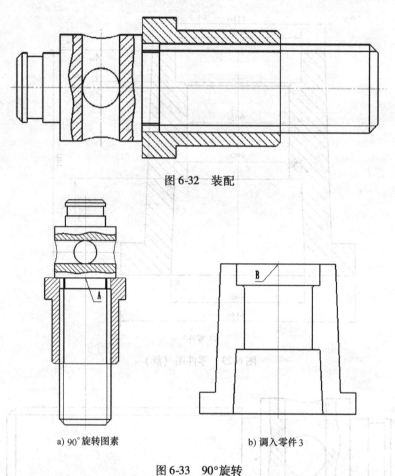

图 6-32　装配

a) 90°旋转图素　　　　　　　b) 调入零件 3

图 6-33　90°旋转

将剖面线补齐，如图 6-35 所示。

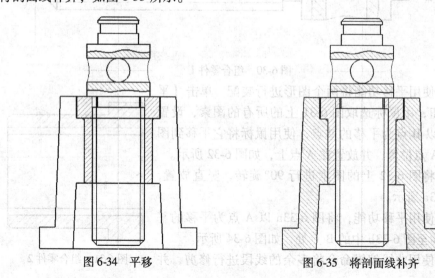

图 6-34　平移　　　　　　　　图 6-35　将剖面线补齐

第2部分 CAXA 数控车 2011 软件加工部分

第7章 CAXA 数控车 2011 软件加工

【提示】 本章的主要内容包括：CAXA 数控车 2011 软件加工的基本概述、CAXA 数控车 2011 软件的加工功能及传输功能。重点讲解软件加工部分功能的设置、以及自动编程加工的过程及步骤。在操作过程中，读者需要注意各种参数的设置，并应按照零件的加工步骤进行绘图和加工，以提高自动编程的方法和速度。

【目标】 掌握 CAXA 数控车 2011 软件加工的过程及步骤，利用自动编程软件进行程序传输，实现在机床上进行加工。重点掌握 CAXA 数控车 2011 软件加工功能中刀具管理、机床设置、后置设置、轮廓粗车、轮廓精车、车槽、钻中心孔、车螺纹等加工功能。

7.1 CAXA 数控车 2011 软件加工概述

数控车加工就是将加工数据和工艺参数输入到机床，机床的控制系统对输入信息进行运算与控制，并不断地向直接指挥机床运动的机电功能转换部件——机床的伺服机构发送脉冲信号，伺服机构对脉冲信号进行转换与放大处理，然后由传动机构驱动机床，从而加工零件。所以，数控车加工的关键是加工数据和工艺参数的获取，即数控编程。

7.1.1 数控加工的内容及优点

1. 数控加工的内容

数控加工一般包括以下几个内容：

1）对图样进行分析，确定需要数控加工的部分。

2）利用图形软件对需要数控加工的部分造型。

3）根据加工条件，选择合适的加工参数生成加工轨迹（包括粗加工轨迹、半精加工轨迹和精加工轨迹）。

4）轨迹的仿真检验。

5）传给机床加工。

2. 数控加工的优点

1）零件一致性好，质量稳定。因为数控机床的定位精度和重复定位精度都很高，很容易保证零件尺寸的一致性，而且，大大减少了人为因素的影响。

2）可加工任何复杂的产品，且精度不受复杂程度的影响。

3）降低工人的劳动强度，节省时间。

7.1.2　数控车加工的基本概念

1. CAXA 数控车 2011 软件加工的一般步骤

1）分析加工图样和工艺清单。在加工前，首先要读懂图样，分析加工零件的各项要求，再从工艺清单中确定各项内容的具体要求，把零件各尺寸和位置联系起来，初步确定加工路线。

2）加工路线和装夹方法的确定。按照图样、工艺清单的要求确定加工路线。为保证零件的尺寸和位置满足精度要求，选择适当的加工顺序和装夹方法。

3）使用 CAXA 数控车 2011 软件的 CAD 模块绘制零件轮廓循环车削加工工艺图。

4）编制加工程序。根据零件的工艺清单、工艺图和实际加工情况，使用 CAXA 数控车 2011 软件的 CAM 部分确定切削用量和刀具轨迹，合理设置机床的参数，生成加工程序代码。

5）加工操作。将生成的加工程序传输到机床，调试机床和加工程序，进行车削加工。

6）加工零件检验。根据工艺要求逐项检验零件的各项加工要求，确定零件是否合格。

2. 零件加工轮廓

零件轮廓是一系列首尾相接曲线的集合，如外轮廓、内轮廓、端面轮廓等。在进行数控编程和交互指定待加工图形时，常常需要指定零件加工的轮廓，用来界定被加工的表面。零件轮廓要求必须是闭合的。

3. 零件毛坯轮廓

毛坯轮廓是用于制定被加工体的毛坯。在进行数控编程和交互指定待加工图形时，常常需要指定毛坯的轮廓，用来界定被加工的表面。如果毛坯轮廓是用来界定被加工表面的，则要求指定的轮廓是闭合的；如果加工的是毛坯轮廓本身，则毛坯轮廓可以不闭合。

4. 机床参数

数控车床的一些速度参数，包括主轴转速、接近速度、进给速度和退刀速度。

1）主轴转速指切削时机床主轴转动的角速度。

2）接近速度指从进刀点到切入工件前刀具行进的线速度，又称进刀速度。

3）进给速度指正常切削时刀具行进的线速度（r/mm）。

4）退刀速度指刀具离开工件回到退刀位置时刀具行进的线速度。

这些速度参数的给定一般依赖于加工的经验，原则上讲，它们与机床本身、工件的材料、刀具材料、工件的加工精度和表面粗糙度要求等相关。

5. 刀具轨迹和刀位点

刀具轨迹是系统按给定工艺要求生成的对给定加工图形进行切削时刀具行进的路线，系统以图形方式显示。刀具轨迹由一系列有序的刀位点和连接这些刀位点的直线（直线插补）或圆弧（圆弧插补）组成。本系统的刀具轨迹是按刀尖位置来显示的。

刀位点是指刀具的定位基准点，也就是刀具在机床上的位置是由"刀位点"的位置来表示的。不同的刀具，刀位点不同。对外圆车刀、镗刀，刀位点为其刀尖。

6. 加工余量

数控车加工是一个去除余量的过程，即从毛坯开始逐步除去多余的材料，以得到需要的零件。这种过程往往由粗加工和精加工构成，必要时还需要进行半精加工，即需经过多道工序的加工。在前一道工序中，往往需要给下一道工序留下一定的余量。实际的加工模型是指定的加工模型按给定的加工余量进行等距的结果。

7. 加工误差

刀具轨迹和实际加工模型的偏差即为加工误差。可通过控制加工误差来控制加工的精度。加工误差是刀具轨迹同加工模型之间的最大允许偏差，系统保证刀具轨迹与实际加工模型之间的偏离不大于加工误差。应根据实际工艺要求给定加工误差，如在进行粗加工时，加工误差可以较大，否则加工效率会受到不必要的影响；而进行精加工时，需根据表面要求等给定加工误差。在两轴加工中，对于直线和圆弧的加工不存在加工误差。加工误差指对样条线进行加工时用折线段逼近样条时的误差。

8. 干涉

切削被加工表面时，如刀具切到了不应该切的部分，则称为出现干涉现象，或者称为过切。在 CAXA 数控车 2011 软件中，干涉分为以下两种情况。

1）被加工表面中存在刀具切削不到的部分时存在的欠切现象。

2）被加工表面中存在刀具切到了不应该切削的部分时存在的过切现象。

7.2　CAXA 数控车 2011 软件的加工功能

7.2.1　CAXA 数控车 2011 软件实现加工的过程

1）必须配置好机床，这是正确输出代码的关键。

2）看懂图样，用曲线表达工件。

3）根据工件形状，选择合适的加工方式，生成刀位轨迹。

4）生成 G 代码，传给机床。

7.2.2　CAXA 数控车 2011 软件加工功能的内容

CAXA 数控车 2011 软件加工功能主要包括以下内容：

1. 刀具库管理

刀具库管理功能定义、确定刀具的有关数据，以便用户从刀具库中获取刀具信息和对刀具库进行维护。该功能包括轮廓车刀、切槽刀具、钻孔刀具和螺纹车刀 4 种刀具类型的管理。

（1）操作方法　在【数控车】主菜单中选择【刀具库管理】命令，如图 7-1 所示，系统便弹出【刀具库管理】对话框，如图 7-2 所示。用户可以按照自己的需要添加新的刀具、也可以对已有刀具的参数进行修改，还可以更换使用的当前刀具等。

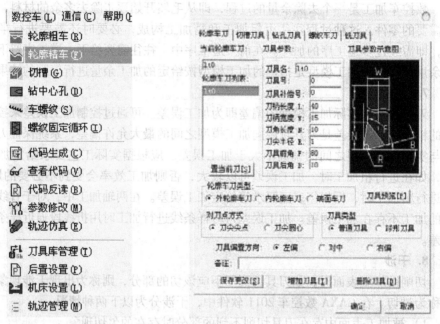

图 7-1　选择【刀具库管理】命令　　　　图 7-2　【刀具库管理】对话框

当需要定义新的刀具时，单击【增加刀具】按钮可以弹出添加刀具对话框。在刀具列表中选择要删除的刀具名称，单击"删除刀具"按钮，可以从刀具库中删除所选择的刀具。应注意的是，不能删除当前刀具。在刀具列表中选择当前要使用的刀具名称，单击"置当前刀"按钮，可将选择的刀具设为当前刀具，也可在刀具列表中双击所选的刀具。改变参数后，单击"修改刀具"按钮即可对刀具参数进行修改。

需要指出的是，刀具库中的各种刀具只是同一类刀具的抽象描述，并非是符合国标或其他标准的详细刀具库。所以刀具库只列出了对轨迹生成有影响的部分参数，其他与具体加工工艺相关的刀具参数并未列出。例如，将各种外轮廓、内轮廓和端面粗精车刀均归为轮廓车刀，对轨迹生成没有影响。其他补充信息可在备注中输入。

下面对各种刀具参数作详细说明。

（2）参数说明

1）轮廓车刀。

刀具名：刀具的名称，用于刀具标识和列表。刀具名是唯一的。

刀具号：刀具的系列号，用于后置处理的自动换刀指令。刀具号是唯一的，并对应机床的刀库。

刀具补偿号：刀具补偿值的序列号，其值对应于机床的数据库。

刀柄长度：刀具可夹持段的长度。

刀柄宽度：刀具可夹持段的宽度。

刀角长度：刀具可切削段的长度。

刀尖半径：刀尖部分用于切削的圆弧的半径。

刀具前角：刀具主切削刃与背走刀方向的夹角。

当前轮廓车刀：显示当前使用刀具的刀具名。当前刀具就是在加工中要使用的刀具，在加工轨迹的生成中要使用当前刀具的刀具参数。

轮廓车刀列表：显示刀具库中所有同类型刀具的名称，可通过鼠标或键盘中的〈↑〉、〈↓〉键选择不同的刀具名，刀具参数表中将显示所选刀具的参数。双击所选的刀具还能将其置为当前刀具。

2）切槽刀具。切槽刀具参数对话框如图 7-3 所示。

刀具名：刀具的名称，用于刀具标识和列表。刀具名是唯一的。

刀具号：刀具的系列号，用于后置处理的自动换刀指令。刀具号是唯一的，并对应机床的刀具库。

刀具补偿号：刀具补偿值的序列号，其值对应于机床的数据库。

刀具长度：刀具的总体长度。

刀刃宽度：刀具切削刃的宽度。

刀尖半径：刀具切削刃两端圆弧的半径。

刀具引角：刀具切削段两侧边与垂直于切削方向的夹角。

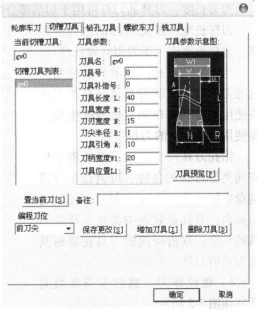

图 7-3　【切槽刀具】选项卡

刀柄宽度：刀具夹持段的宽度。

当前切槽车刀：显示当前使用刀具的刀具名。当前刀具就是在加工中要使用的刀具，在加工轨迹的生成中要使用当前刀具的刀具参数。

切槽车刀列表：显示刀具库中所有同类型刀具的名称，可通过鼠标或键盘的〈↑〉、〈↓〉键选择不同的刀具名，刀具参数表中将显示所选刀具的参数。双击所选的刀具还能将其置为当前刀具。

3）钻孔刀具。钻孔刀具参数对话框如图 7-4 所示。

刀具名：刀具的名称，用于刀具标识和列表。刀具名是唯一的。

刀具号：刀具的系列号，用于后置处理的自动换刀指令。刀具号是唯一的，并对应机床的刀具库。

刀具补偿号：刀具补偿值的序列号，其值对应机床的数据库。

刀具半径：刀具的半径。

刀尖角度：钻头前段尖部的角度。

刀刃长度：刀具的刀杆可用于切削部分的长度。

刀杆长度：刀尖到刀柄之间的距离。刀杆长度应大于刀刃有效长度。

当前钻孔刀具：显示当前使用刀具的刀具名。当前刀具就是在加工中要使用的刀具，在加工轨迹的生成中要使用当前刀具的刀具参数。

钻孔刀具列表：显示刀具库中所有同类型刀具的名称，可通过鼠标或键盘中的〈↑〉、〈↓〉键选择不同的刀具名，刀具参数表中将显示所选刀具的参数。双击所选的刀具还能将其置为当前刀具。

4）螺纹车刀。螺纹车刀参数对话框如图 7-5 所示。

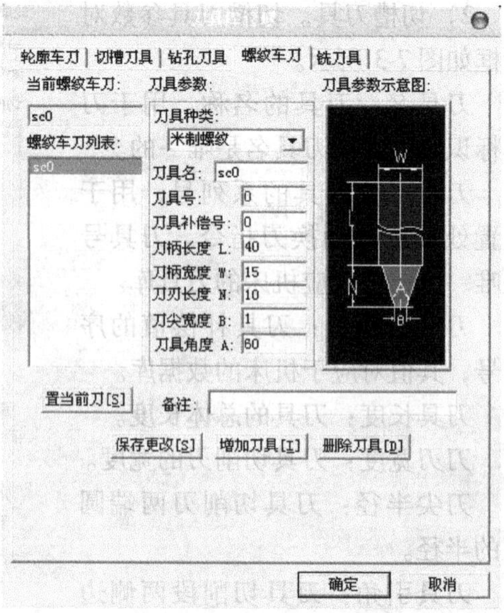

刀具名：刀具的名称，用于刀具

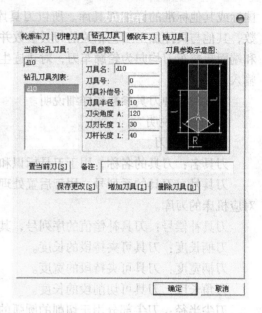

图 7-4　钻孔刀具参数对话框

图 7-5　螺纹车刀参数对话框

标识和列表。刀具名是唯一的。

刀具号：刀具的系列号，用于后置处理的自动换刀指令。刀具号是唯一的，并对应机床的刀具库。

刀具补偿号：刀具补偿值的序列号，其值对应机床的数据库。

刀柄长度：刀具可夹持段的长度。

刀柄宽度：刀具可夹持段的宽度。

刀刃长度：刀具切削刃顶部的宽度。对于管螺纹车刀，刀刃宽度等于 0。

刀尖宽度：螺纹齿底宽度。

刀具角度：刀具切削段两侧边与垂直于切削方向的夹角，该角度决定了车削出的螺纹的牙型角。

当前螺纹车刀：显示当前使用刀具的刀具名。当前刀具就是在加工中要使用的刀具，在加工轨迹的生成中要使用当前刀具的刀具参数。

螺纹车刀列表：显示刀具库中所有同类型刀具的名称，可通过鼠标或键盘中的〈↑〉、〈↓〉键选择不同的刀具名，刀具参数表中将显示所选刀具的参数。双击所选的刀具还能将其置为当前刀具。

5）铣刀具。铣刀具是铣削时所使用的刀具，在数控车中用不到，由于篇幅所限，本书对其就不做详细介绍了，感兴趣的读者可参阅相关资料。

2. 轮廓粗车

轮廓粗车功能用于实现对工件外轮廓表面、内轮廓表面和端面的粗车加工，用来快速清除毛坯的多余部分。

加工轮廓粗车时要确定被加工轮廓和毛坯轮廓。被加工轮廓就是加工结束后的工件表面轮廓，毛坯轮廓就是加工前毛坯的表面轮廓。被加工轮廓和毛坯轮廓两端点相连，两轮廓共同构成一个封闭的加工区域，在此区域的材料将被加工去除。被加工轮廓和毛坯轮廓不能单独闭合或自相交。

（1）操作步骤

1）在【数控车】主菜单中选择【轮廓粗车】命令，如图 7-6 所示，系统弹出【粗车参数表】对话框，如图 7-7 所示。

在【粗车参数表】对话框中首先要确定被加工的是外轮廓表面，还是内轮廓表面或端面，接着按照加工要求确定其他各加工参数。

2）确定参数后用鼠标拾取被加工轮廓和毛坯轮廓，此时可使用系统提供的轮廓拾取工具，对于多段曲线组成的轮廓使用"限制链拾取"将极大地方便拾取。采用【链拾取】和"限制链拾取"时的拾取箭头方向与实际的加工方向无关。

3）确定进退刀点。指定一点为刀具加工前和加工后所在的位置，单击鼠标右键可忽略该点的输入。

完成上述操作步骤后即可生成加工轨迹。在【数控车】主菜单中选择【生成代码】命令，拾取刚生成的刀具轨迹，即可生成加工指令。

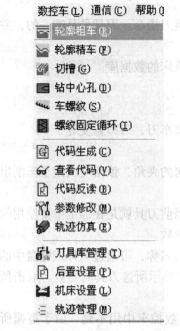

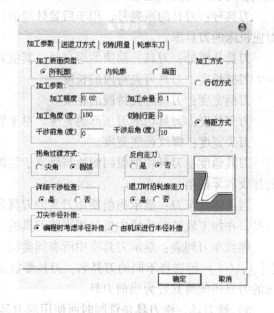

图 7-6　选择【加工】主菜单中
　　　的【轮廓粗车】命令

图 7-7　【粗车参数表】对话框

(2) 参数说明

轮廓粗车参数包括：加工参数、进退刀方式、切削用量和轮廓车刀。

1) 加工参数。单击图 7-7 所示对话框中的"加工参数"选项卡即可进入加工参数表。加工参数表主要用于对粗车加工中的各种工艺条件和加工方式进行限定。各加工参数的含义说明如下。

① 加工表面类型。

外轮廓：采用外轮廓车刀加工外轮廓，此时默认加工方向角度为 180°。

内轮廓：采用内轮廓车刀加工内轮廓，此时默认加工方向角度为 180°

车端面：此时默认加工方向应垂直于系统 X 轴，即加工角度为 -90°或 270°。

② 加工参数。

a. 加工精度：用户可按需要控制加工的精度。对轮廓中的直线和圆弧，机床可以精确地加工；对由样条曲线组成的轮廓，系统将按给定的精度把样条曲线转化成直线段来满足用户所需的加工精度。

b. 加工余量：加工结束后，被加工表面没有加工的部分的剩余量（与最终加工结果比较）。

c. 加工角度：刀具切削方向与机床 Z 轴（软件系统 X 正方向）正方向的夹角。

d. 切削行距：行间切入深度，两相邻切削行之间的距离。

e. 干涉前角：做前角干涉检查时，确定干涉检查的角度。

f. 干涉后角：做底切干涉检查时，确定干涉检查的角度。

③　拐角过渡方式。

尖角：在切削过程中遇到拐角时，刀具从轮廓的一边到另一边的过程中，以尖角方式过渡。

圆弧：在切削过程中遇到拐角时，刀具从轮廓的一边到另一边的过程中，以圆弧方式过渡。

④　反向走刀。

是：刀具按默认方向相反的方向走刀。

否：刀具按默认方向走刀，即刀具从机床 Z 轴正向向 Z 轴负向移动。

⑤　详细干涉检查。

是：加工凹槽时，用定义的干涉角度检查加工中是否有刀具前角及底切干涉，并按定义的干涉角度生成无干涉的切削轨迹。

否：假定刀具前后干涉角均为 0°，对凹槽部分不做加工，以保证切削轨迹无前角及底切干涉。

⑥　退刀时沿轮廓走刀。

是：两刀位行之间如果有一段轮廓，在后一刀位行之前、之后增加对行间轮廓的加工。

否：刀位行首末直接进退刀，对行与行之间的轮廓不加工。

⑦　刀尖半径补偿。

编程时考虑半径补偿：在生成加工轨迹时，系统根据当前所用刀具的刀尖半径进行补偿计算（按假想刀尖点编程）。所生成的代码即为已考虑半径补偿的代码，无需机床再进行刀尖半径补偿。

由机床进行半径补偿：在生成加工轨迹时，假设刀尖半径为 0，按轮廓编程，不进行刀尖半径补偿计算。所生成的代码在用于实际加工时，应根据实际刀尖半径由机床指定补偿值。

2）进退刀方式。单击图 7-7 所示对话框中的【进退刀方式】选项卡，即可进入进退刀方式参数表，如图 7-8 所示。该参数表用于对加工中的进退刀方式进行设置。

①　进刀方式。

每行相对毛坯进刀方式：用于对毛坯部分进行切削时的进刀方式。

每行相对加工表面进刀方式：用于对加工表面部分进行切削时的进刀方式。

与加工表面成定角：指在每一切削行前加入一段与轨迹切削方向夹角成一定角度的进刀段。刀具先垂直进刀到该进刀段的起点，再沿该进刀段进刀至切削行。【角度】用于定义该进刀段与轨迹切削方向的夹角，【长度】用于定义该进刀段的长度。

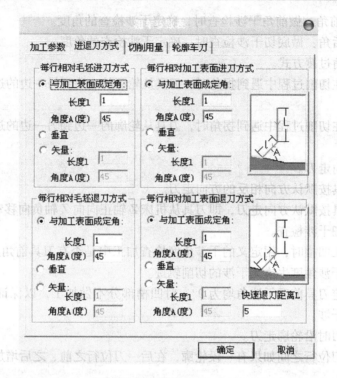

图 7-8　轮廓粗车进退刀方式

　　垂直：指刀具直接进刀到每一切削行的起始点。

　　矢量：指在每一切削行前加入一段与系统 X 轴（机床 Z 轴）正方向成一定夹角的进刀段。刀具先进刀到该进刀段的起点，再沿该进刀段进刀至切削行。【角度】用于定义矢量（进刀段）与系统 X 轴正方向的夹角，【长度】用于定义矢量（进刀段）的长度。

　　② 退刀方式。

　　每行相对毛坯退刀方式：用于对毛坯部分进行切削时的退刀方式。

　　相对加工表面退刀方式：用于对加工表面部分进行切削时的退刀方式。

　　与加工表面成定角：指在每一切削行后加入一段与轨迹切削方向夹角成一定角度的退刀段。刀具先沿该退刀段退刀，再从该退刀段的末点开始垂直退刀。角度用于定义该退刀段与轨迹切削方向的夹角，长度用于定义该退刀段的长度。

　　垂直：指刀具直接退刀到每一切削行的起始点。

　　矢量：指在每一切削行后加入一段与系统 X 轴（机床 Z 轴）正方向成一定夹角的退刀段。刀具先沿该退刀段退刀，再从该退刀段的末点开始垂直退刀。角度用于定义矢量（退刀段）与系统 X 轴正方向的夹角；长度用于定义矢量（退刀段）的长度。

　　快速退刀距离：以给定的退刀速度回退的距离（相对值），在此距离上以机床允许的最大进给速度退刀。

3）切削用量。

在每种刀具轨迹生成时，都需要设置一些与切削用量及机床加工相关的参数。单击图 7-7 所示对话框中的【切削用量】选项卡，即可进入切削用量参数表，如图 7-9 所示。

① 速度设定。

各选项的具体含义如下。

接近速度：刀具接近工件时的进给速度。

退刀速度：刀具离开工件的速度。

进刀量：刀具切削工件时的进给速度。

主轴转速：机床主轴旋转的速度。计量单位是机床默认的单位。

② 主轴转速选项分恒转速和恒线速度两种。

恒转速：切削过程中按指定的主轴转速保持主轴转速恒定，直到下一指令改变该转速。

恒线速度：切削过程中按指定的线速度值保持线速度恒定。

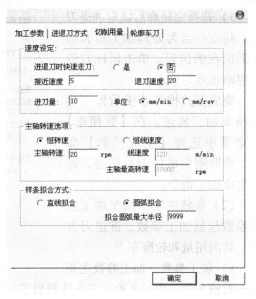

图 7-9　轮廓粗车切削用量参数表

③ 样条拟合方式分直线拟合和圆弧拟合两种。

直线拟合：对加工轮廓中的样条曲线根据给定的加工精度用直线段进行拟合。

圆弧拟合：对加工轮廓中的样条曲线根据给定的加工精度用圆弧段进行拟合。

4）轮廓车刀。

单击图 7-7 所示对话框中的【轮廓车刀】选项卡，即可进入轮廓车刀参数表。该参数表用于对加工中所用的刀具参数进行设置。具体的参数说明请参考刀具库管理中的说明。

3. 轮廓精车

实现对工件外轮廓表面、内轮廓表面和端面的精车加工。进行轮廓精车时要确定被加工轮廓。被加工轮廓就是加工结束后的工件表面轮廓，被加工轮廓不能闭合或自相交。

（1）操作步骤

1）在【数控车】主菜单中选择【轮廓精车】命令，系统弹出【精车参数表】对话框，如图 7-10 所示。

在【精车参数表】对话框中首先要确定被加工的是外轮廓表面，还是内轮廓表面或端面，接着按照加工要求确定其他各加工参数。

2）确定参数后拾取被加工轮廓，此时可使用系统提供的轮廓拾取工具。

3）选择完轮廓后确定进退刀点，指定一点为刀具加工前和加工后所在的位置。单击鼠标右键可忽略该点的输入。

完成上述操作步骤后即可生成精车加工轨迹。在【数控车】主菜单中选择【生成代码】命令，拾取刚生成的刀具轨迹，即可生成加工指令。

（2）参数说明　精车加工主要参数包括加工参数、进退刀方式、切削用量和轮廓车刀。

1）加工参数。加工参数主要

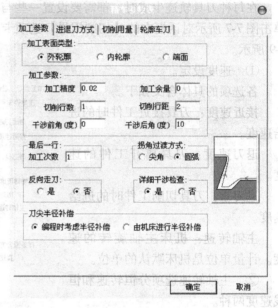

图 7-10　【精车参数表】对话框

用于对精车加工中的各种工艺条件和加工方式进行限定。各加工参数的含义说明如下。

① 加工表面类型。

外轮廓：采用外轮廓车刀加工外轮廓，此时默认加工方向角度为 180°。

内轮廓：采用内轮廓车刀加工内轮廓，此时默认加工方向角度为 180°。

端面：默认加工方向垂直于系统 X 轴，即加工角度为 -90° 或 270°。

② 加工参数。

a. 加工精度：用户可按需要控制加工的精度。对轮廓中的直线和圆弧，机床可以精确地加工；对由样条曲线组成的轮廓，系统将按给定的精度把样条曲线转化成直线段来满足用户所需的加工精度。

b. 加工余量：被加工表面没有加工的部分的剩余量。

c. 切削行数：刀位轨迹的加工行数，不包括最后一行的重复次数。

d. 切削行距：行与行之间的距离。沿加工轮廓走刀一次称为一行。

干涉前角：作底切干涉检查时，确定干涉检查的角度，避免加工反锥时出现前刀面与工件干涉。

干涉后角：作底切干涉检查时，确定干涉检查的角度，避免加工正锥时出现刀具底面与工件干涉。

最后一行加工次数：精车加工时，为了提高车削的表面质量，最后一行常常在相同进给量的情况下进行多次车削，该处定义多次切削的次数。

③　拐角过渡方式。

尖角：在切削过程中遇到拐角时，刀具从轮廓的一边到另一边的过程中，以尖角的方式过渡。

圆弧：在切削过程中遇到拐角时，刀具从轮廓的一边到另一边的过程中，以圆弧的方式过渡。

④　反向走刀。

是：刀具按与默认方向相反的方向走刀。

否：刀具按默认方向走刀，即刀具从 Z 轴正向向 Z 轴负向移动。

⑤　详细干涉检查。

是：加工凹槽时，用定义的干涉角度检查加工中是否有刀具前角及底切干涉，并按定义的干涉角度生成无干涉的切削轨迹。

否：假定刀具前后干涉角均为 0，对凹槽部分不做加工，以保证切削轨迹无前角及底切干涉。

⑥　刀尖半径补偿。

编程时考虑半径补偿：在生成加工轨迹时，系统根据当前所用刀具的刀尖半径进行补偿计算（按假想刀尖点编程）。所生成的代码即为已考虑半径补偿的代码，机床无需再进行刀尖半径补偿。

由机床进行半径补偿：在生成加工轨迹时，假设刀尖半径为 0，按轮廓编程，不进行刀尖半径补偿计算。所生成的代码在用于实际加工时，应根据实际刀尖半径由机床指定补偿值。

2）进退刀方式。

单击图 7-10 所示对话框中的【进退刀方式】选项卡，即可进入进退刀方式参数表，如图 7-11 所示。该参数表用于对加工中的进退刀方式进行设置。

①　进刀方式。

与加工表面成定角：指在每一切削行前加入一段与轨迹切削方向夹角成一定角度的进刀段。刀具先垂直进刀到该进刀段的起点，再沿该进刀段进刀至切削行。角度用于定义该进刀段与轨迹切削方向的夹角，长度用于定义该进刀段的长度。

垂直：指刀具直接进刀到每一切削行的起始点。

矢量：指在每一切削行前加入一段

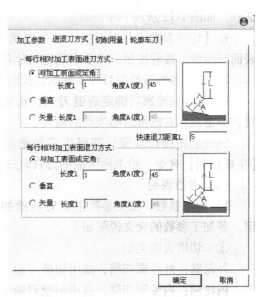

图 7-11　精车进退刀方式参数表

与机床 Z 轴正向（系统 X 轴正方向）成一定夹角的进刀段。刀具先进刀到该进刀段的起点，再沿该进刀段进刀至切削行。角度用于定义矢量（进刀段）与机床 Z 轴正向（系统 X 正方向）的夹角，长度用于定义矢量（进刀段）的长度。

② 退刀方式。

与加工表面成定角：指在每一切削行后加大一段与轨迹切削方向夹角成一定角度的退刀段。刀具先沿该退刀段退刀，再从该退刀段的末点开始垂直退刀。角度用于定义该退刀段与轨迹切削方向的夹角，长度用于定义该退刀段的长度。

垂直：指刀具直接退刀到每一切削行的起始点。

矢量：指在每切削行后加大一段与机床 Z 轴正向（系统 X 轴正方向）成一定夹角的退刀段。刀具先沿该退刀段退刀，再从该退刀段的末点开始垂直退刀。角度用于定义矢量（退刀段）与机床 Z 轴正向（系统 X 轴正方向）的夹角，长度用于定义矢量（退刀段）的长度。

（3）切削用量　切削用量参数表的说明请参考轮廓粗车中的说明。

（4）轮廓车刀　单击图 7-10 所示对话框中的【轮廓车刀】选项卡，即可进入轮廓车刀参数表，该参数表用于对加工中所用的刀具参数进行设置。具体的参数说明请参考刀具库管理中的说明。

4. 切槽

切槽功能用于在工件外轮廓表面、内轮廓表面和端面切槽。切槽时要确定被加工轮廓。被加工轮廓就是加工结束后的工件表面轮廓，被加工轮廓不能闭合或自相交。

（1）操作步骤

1）在【数控车】主菜单中选择【切槽】命令，系统弹出【切槽参数表】对话框，如图 7-12 所示。

在【切槽参数表】对话框中首先要确定被加工的是外轮廓表面，还是内轮廓表面或端面，接着按照加工要求确定其他各加工参数。

2）确定参数后拾取被加工轮廓，此时可使用系统提供的轮廓拾取工具。

3）选择完轮廓后确定进退刀点，指定一点为刀具加工前和加工后所在的位置，单击鼠标右键可忽略该点的输入。

完成上述操作步骤后即可生成切槽加工轨迹。在【数控车】主菜单中选择【生成代码】命令，拾取刚生成的刀具轨迹，即可生成加工指令。

（2）参数说明

1）加工参数。加工参数主要对切槽加工中各种工艺条件和加工方式进行限定。各加工参数的含义说明如下。

① 切槽表面类型。

外轮廓：外轮廓切槽，或用切槽刀加工外轮廓。

内轮廓：内轮廓切槽，或用切槽刀加工内轮廓。

端面：端面切槽，或用切槽刀加工端面。

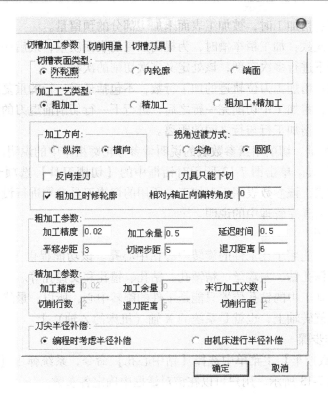

图 7-12　【切槽参数表】对话框

② 加工工艺类型。

粗加工：对槽只进行粗加工。

精加工：对槽只进行精加工。

粗加工 + 精加工：对槽进行粗加工之后接着做精加工。

③ 拐角过渡方式。

尖角：在切削过程中遇到拐角时，刀具从轮廓的一边到另一边的过程中，以尖角方式过渡。

圆弧：在切削过程中遇到拐角时，刀具从轮廓的一边到另一边的过程中，以圆弧方式过渡。

④ 粗加工参数。

加工余量：粗加工槽时，被加工表面未加工部分的预留量。

延迟时间：指粗加工槽时，刀具在槽的底部停留的时间。

平移步距：指粗加工槽时，刀具切到指定的切深平移量后进行下一次切削前的水平平移量（机床 Z 轴方向）。

切深步距：指粗加工槽时，刀具每一次纵向切槽的切入量（机床 X 轴方向）。

退刀距离：粗加工槽时，进行下一行切削前退刀到槽外的距离。

⑤ 精加工参数。

加工余量：精加工时，被加工表面未加工部分的预留量。

末行加工次数：加工精车槽时，为提高加工的表面质量，最后一行常常在相同进给量的情况下进行多次车削，该处定义多次切削的次数。

切削行数：精加工刀位轨迹的加工行数，不包括最后一行的重复次数。

退刀距离：精加工中切削完一行之后，进行下一行切削前退刀的距离。

切削行距：精加工行与行之间的距离。

2）切削用量。切削用量参数表的说明请参考轮廓粗车中的说明。

3）切槽刀具。单击图 7-12 所示对话框中的【切槽刀具】选项卡，即可进入切槽车刀参数表，该参数表用于对加工中所用的切槽刀具参数进行设置。具体的参数说明请参考刀具库管理中的说明。

5. 钻中心孔

钻中心孔功能用于在工件的旋转中心钻中心孔。该功能提供了多种钻孔方式，包括高速啄式深孔钻、左攻丝、精镗孔、钻孔、镗孔和反镗孔等。

因为车削加工中的钻孔位置只能是工件的旋转中心，所以，最终所有的加工轨迹都在工件的旋转轴上，也就是系统的 X 轴（机床的 Z 轴）上。

（1）操作步骤

1）在【数控车】主菜单中选择【钻中心孔】命令，系统弹出【钻孔参数表】对话框，如图 7-13 所示。用户可以在该对话框中确定各参数。

2）确定各加工参数后，拾取钻孔的起始点，因为轨迹只能在系统的 X 轴上（机床的 Z 轴），所以把输入的点向系统的 X 轴投影，得到的投影点作为钻孔的起始点，然后生成钻孔加工轨迹。拾取完钻孔点之后即可生成加工轨迹。

（2）参数说明　钻中心孔参数包括加工参数和钻孔刀具两类。

1）加工参数。加工参数主要对加工中的各种工艺条件和加工方式进行限定。各加工参数的含义说明如下。

钻孔模式：指钻孔的方式。钻孔模式不同，后置处理中用到机床的固定循环指令不同。

钻孔深度：指要钻孔的深度。

暂停时间：指攻丝时刀在工件底部的停留时间。

下刀余量：指当钻下一个孔时，刀具从前一个孔顶端的抬起量。

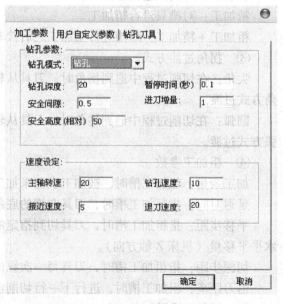

图 7-13　【钻孔参数表】对话框

进刀增量：指深孔钻时每次进给量或镗孔时每次侧进量。

主轴转速：指机床主轴旋转的速度。计量单位是机床默认的单位。

钻孔速度：指钻孔时的进给速度。

接近速度：指刀具接近工件时的进给速度。

退刀速度：指刀具离开工件的速度。

2）钻孔刀具。单击【钻孔刀具】选项卡，即可进入钻孔刀具参数表。该参数表用于对加工中所用的刀具参数进行设置。具体参数说明请参考刀具库管理中的说明。

6. 车螺纹

车螺纹为非固定循环方式加工螺纹，可对螺纹加工中的各种工艺条件、加工方式进行更为灵活的控制。

（1）操作步骤

1）在【数控车】主菜单中选择【螺纹】命令，依次拾取螺纹的起点和终点。

2）拾取完毕，弹出【螺纹参数表】对话框，如图 7-14 所示。前面拾取的点的坐标也将显示在其中，用户可在该对话框中确定各加工参数。

3）参数填写完毕，单击【确定】按钮，即可生成螺纹车削刀具轨迹。

4）在【数控车】主菜单中选择【生成代码】命令，拾取刚生成的刀具轨迹，即可生成螺纹加工指令。

（2）参数说明

1）螺纹参数。它主要包含了与螺纹性质相关的参数，如螺纹深度、螺纹节距、螺纹线数等，如图 7-14 所示。螺纹起点和终点坐标来自前一步的拾取结果，用户可以进行修改。

① 螺纹参数。

起点坐标：车螺纹的起始点坐标，单位为 mm。

终点坐标：车螺纹的终止点坐标，单位为 mm。

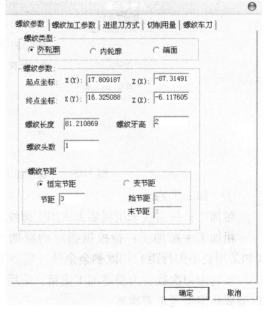

图 7-14　【螺纹参数表】对话框

螺纹长度：螺纹起始点到终止点的距离。

螺纹牙高：螺纹牙的高度。

螺纹头数：螺纹起始点到终止点之间的牙数。

② 螺纹节距。

恒定节距：两个相邻螺纹轮廓上对应点之间的距离为恒定值。

节距：恒定节距值。

变节距：两个相邻螺纹轮廓上对应点之间的距离为变化的值。

始节距：起始端螺纹的节距。

末节距：终止端螺纹的节距。

2）螺纹加工参数。【螺纹加工参数】选项卡如图 7-15 所示，主要用于对螺纹加工中的工艺条件和加工方式进行设置。

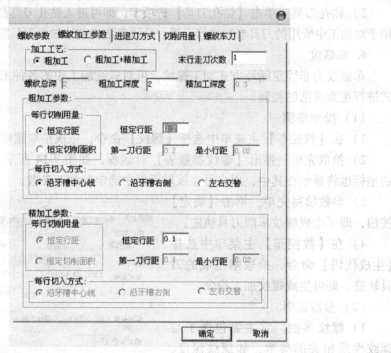

图 7-15　【螺纹加工参数】选项卡

① 加工工艺。

粗加工：指直接采用粗切方式加工螺纹。

粗加工＋精加工：指根据指定的粗加工深度进行粗切后，再采用精切方式（如采用更小的行距）切除剩余余量（精加工深度）。

末行走刀次数：为提高加工质量，最后一个切削行有时需要重复走刀多次，此时需要指定重复走刀次数。

螺纹总深：螺纹粗加工和精加工总的切深量。

粗加工深度：螺纹粗加工的切深量。

精加工深度：螺纹精加工的切深量。

② 每行切削用量。

恒定行距：加工时沿恒定的行距进行加工。

恒定切削面积：为保证每次切削的切削面积恒定，各次切削深度将逐步减小，直至等于最小行距。用户需指定第一刀行距及最小行距。吃刀量规定如下：第 n 刀的吃刀量为第一刀的吃刀量的$\sqrt{n}$倍。

③　每行切入方式。指刀具在螺纹始端切入时的切入方式。刀具在螺纹末端的退出方式与切入方式相同。

沿牙槽中心线：切入时沿牙槽中心线。

沿牙槽右侧：切入时沿牙槽右侧。

左右交替：切入时沿牙槽左右交替。

3）进退刀方式。

①　进刀方式。

垂直：指刀具直接进刀到每一切削行的起始点。

矢量：指在每一切削行前加入一段与系统 X 轴（机床 Z 轴）正方向成一定夹角的进刀段。刀具先进刀到该进刀段的起点，再沿该进刀段进刀至切削行。

长度：定义矢量（进刀段）的长度。

角度：定义矢量（进刀段）与系统 X 轴正方向的夹角。

②　退刀方式。

垂直：指刀具直接退刀到每一切削行的起始点。

矢量：指在每一切削行后加入一段与系统 X 轴（机床 Z 轴）正方向成一定夹角的退刀段。刀具先沿该退刀段退刀，再从该退刀段的末点开始垂直退刀。

长度：定义矢量（退刀段）的长度。

角度：定义矢量（退刀段）与系统 X 轴正方向的夹角。

快速退刀距离：以给定的退刀速度回退的距离（相对值）。在此距离上以机床允许的最大进给速度（G00 速度）退刀。

4）切削用量。切削用量参数表的说明请参考轮廓粗车中的说明。

5）螺纹车刀。单击【螺纹车刀】选项卡可进入螺纹车刀参数表。该参数表用于对加工中所用的螺纹刀具参数进行设置。具体的参数说明请参考刀具库管理中的说明。

7. 螺纹固定循环

该功能采用固定循环方式加工螺纹。

（1）操作步骤

1）在【数控车】主菜单中选择【螺纹固定循环】命令，依次拾取螺纹的起点、终点、第一个中间点和第二个中间点。该固定循环功能可以进行两段或三段螺纹连接加工。若只有一段螺纹，则在拾取完终点后按回车键；若只有两段螺纹，则在拾取完第一个中间点后按回车键。

2）拾取完毕，系统弹出【螺纹固定循环加工参数表】对话框，如图 7-16 所示。前面拾取的点的坐标也将显示在其中。用户可在该对话框中确定各加工参数。

3）参数填写完毕，单击【确定】按钮，即可生成刀具轨迹。该刀具轨迹仅为一个示意性的轨迹，可用于输出固定循环指令。

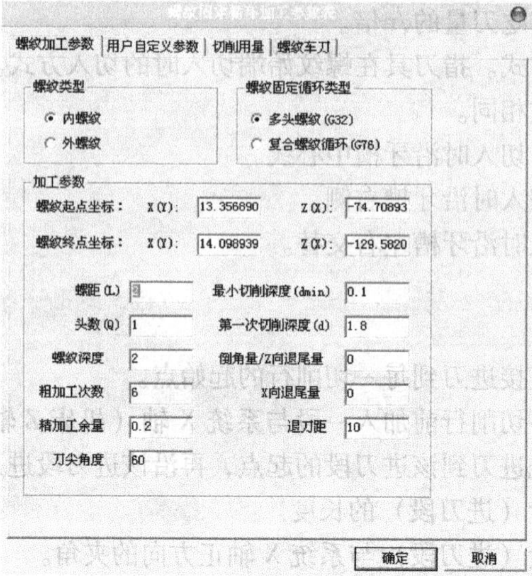

图 7-16 【螺纹固定循环加工参数表】对话框

4）在【数据车】主菜单中选择【代码生成】命令，拾取刚生成的刀具轨迹，即可生成螺纹加工固定循环指令。

（2）参数说明 该对话框中的各加工参数的设置与车螺纹设置方法一样。

8. 生成 NC 代码

生成 NC 代码就是按照当前机床类型的配置要求，把已经生成的加工轨迹转化生成 G 代码数据文件，即 CNC 数控程序，有了数控程序就可以直接输入机床进行数控加工。

生成 NC 代码的操作步骤如下。

1）在【数控车】主菜单中选择【代码生成】命令，弹出【生成后置代码】对话框，如图 7-17 所示。在该对话框中单击【代码文件】按钮，弹出一个需要用户输入文件名的对话框，要求用户填写后置程序文件名。此外，系统还在信息提示区给出当前生成的数控程序所适用的数控系统和机床系统信息，它表明目前所调用的机床配置和后置设置情况。

2）输入后置程序文件名后单击【保存】按钮，系统提示拾取加工轨迹。当拾取到加工轨迹后，该加工轨迹变为红色虚线。单击鼠标右键结束拾取，系统即生成数控程序。拾取时可使用系统提供的拾取工具，可以同时拾取多个加工轨迹，被拾取轨迹的代码将生成在一个文件中，生成的先后顺序与拾取的先后顺序相同。

9. 查看代码

查看代码功能是查看、编辑生成代码的内容，其查看方法如下。

在【数控车】主菜单中选择【查看代码】命令，系统弹出一个需要用户选取数控程序的对话框。选择一个程序后，系统即用 Windows 提供的记事本显示代码

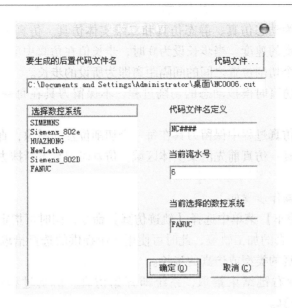

图 7-17　后置代码对话框

的内容。当代码文件较大时，则要用写字板程序打开，用户可在其中对代码进行修改。

10. 参数修改

对生成的轨迹不满意时，可以使用参数修改功能对轨迹的各种参数进行修改，以生成新的加工轨迹。

（1）操作步骤　在【数控车】主菜单中选择【参数修改】命令，系统提示用户拾取要进行参数修改的加工轨迹。拾取轨迹后将弹出该轨迹的参数表供用户修改。参数修改完毕单击【确定】按钮，即可依据新的参数重新生成该轨迹。

（2）轮廓拾取工具　由于在生成轨迹时经常需要拾取轮廓，在此对轮廓拾取方式作专门介绍。

轮廓拾取工具提供 3 种拾取方式：单个拾取、链拾取和限制链拾取。单个拾取需要用户依次拾取需批量处理的各条曲线。它适合于曲线条数不多且不适合于链拾取的情形。链拾取需要用户指定起始曲线及链搜索方向，系统按起始曲线及搜索方向自动寻找所有首尾搭接的曲线。它适合于需批量处理的曲线数目较大且无两根以上曲线搭接在一起的情形。限制链拾取需要用户指定起始曲线、搜索方向和限制曲线，系统按起始曲线及搜索方向自动寻找首尾搭接的曲线至指定的限制曲线。它适用于避开有两根以上曲线搭接在一起的情形，以正确地拾取所需要的曲线。

11. 轨迹仿真

对已有的加工轨迹进行加工过程模拟，以检查加工轨迹的正确性。对系统生成的加工轨迹，仿真时用生成轨迹时的加工参数，即轨迹中记录的参数；对从外部反读进来的刀位轨迹，仿真时用系统当前的加工参数。

轨迹仿真分为动态仿真、静态仿真和二维实体仿真。仿真时可指定仿真的步长，用来控制仿真的速度。当步长设为 0 时，步长值在仿真中无效；当步长大于 0 时，仿真中每一个切削位置之间的间隔距离即为所设的步长。

动态仿真：仿真时模拟动态的切削过程，不保留刀具在每一个切削位置的图像。

静态仿真：仿真过程中保留刀具在每一个切削位置的图像，直至仿真结束。

二维实体仿真：仿真前先渲染实体区域。仿真时刀具不断抹去它切削掉部分的染色。

轨迹仿真的操作步骤如下：

1）在【数控车】菜单中选择【轨迹仿真】命令，同时可指定仿真的步长。

2）拾取要仿真的加工轨迹，此时可使用系统提供的选择拾取工具。在结束拾取前仍可修改仿真的类型或仿真的步长。

3）单击鼠标右键结束拾取，系统即开始仿真。仿真过程中可按键盘中的 < Esc > 键终止仿真。

12. 代码反读（校核 G 代码）

代码反读就是把生成的 G 代码文件反读进来，生成刀具轨迹，以检查生成的 G 代码的正确性。如果反读的刀位文件中包含圆弧插补，需要用户指定相应的圆弧插补格式，否则可能得到错误的结果。若后置文件中的坐标输出格式为整数，且机床分辨率不为 1 时，反读的结果是不对的，即系统不能读取坐标格式为整数且分辨率为非 1 的情况。

在【数控车】菜单中选择【代码反读】命令，系统弹出一个需要用户选取数控程序的对话框。系统要求用户选择需要校对的 G 代码程序。拾取到要校对的数控程序后，系统根据程序 G 代码立即生成刀具轨迹。

注意：刀位校核只用来进行对 G 代码的正确性进行检验，由于精度等方面的原因，应避免将反读出的刀位重新输出，因为系统无法保证其精度。

校对刀具轨迹时，如果存在圆弧插补，则系统要求用户选择圆心的坐标编程方式，其含义可参考后置设置中的说明。用户应正确选择对应的形式，否则会导致错误。

13. 机床设置

机床设置就是针对不同的机床、不同的数控系统，设置特定的数控代码、数控程序格式及参数，并生成配置文件。生成数控程序时，系统根据该配置文件的定义生成用户所需要的特定代码格式的加工指令。

机床配置给用户提供了一种灵活方便的设置系统配置的方法。对不同的机床进行适当的配置，具有重要的实际意义。通过设置系统配置参数，后置处理所生成的数控程序可以直接输入数控机床或加工中心进行加工，而无需进行修改。如果已有的机床类型中没有所需的机床，可增加新的机床类型以满足使用需求，并可对新增的机床进行设置。机床配置的各个参数如图 7-18 所示。

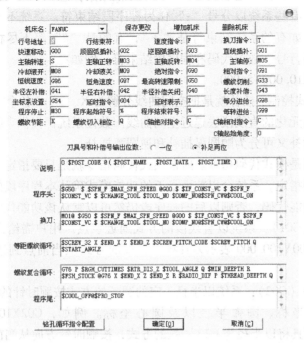

图 7-18　【机床类型设置】对话框

在【数控车】主菜单中选择【机床设置】命令，系统弹出【机床类型设置】对话框，用户可以按照自己的需求增加新的机床或更改已有的机床设置。单击【确定】按钮可将用户的更改保存，单击【取消】按钮则放弃已做的更改。

机床参数配置包括主轴控制、数值插补方法、补偿方式、冷却控制、程序启停以及程序首尾控制符等。现以某系统参数配置为例，介绍具体的配置方法。

（1）机床参数设置　在【机床名】下拉列表框中可选择一个已存在的机床并进行修改。单击【增加机床】按钮可增加系统中没有的机床，单击【删除机床】按钮可删除当前的机床。可以对机床的各种指令地址进行设置，也可以对以下选项进行配置。

1）行号地址（Nxxxx）：一个完整的数控程序由许多的程序段组成，每一个程序段前有一个程序段号，即行号地址。系统可以根据行号识别程序段。如果程序过长，还可以利用调用行号很方便地把光标移到所需的程序段。行号可以从 1 开始，连续递增，如 N0001，N0002，N0003 等；也可以间隔递增，如 N0001，N0005，N0010 等。建议用户采用后一种方式。因为间隔行号比较灵活方便，可以随时插入程序段，对原程序进行修改，而无须改变后续行号。如果采用前一种连续递增的方式，每修改一次程序，插入一个程序段，都必须对后续的所有程序段的行号进行修改，很不方便。

2）行结束符（；）：在数控程序中，一行数控代码就是一个程序段。数控程序一般以特定的符号，而不是以回车键作为程序段结束标志，它是一段程序段不可缺少的组成部分。有些系统以分号"；"作为程序段结束符。系统不同，程序段结束符一般也不同，如有的系统结束符是"＊"，有的是"＃"等不尽相同。一个完整的程序段应包括行号、数控代码和程序段结束符，例如：

N10　　G92X10.000Y5.000。

3）插补方式控制：插补就是把空间曲线分解为 X、Y、Z 各个方向的很小的曲线段，然后以微元化的直线段去逼近空间曲线。数控系统都提供直线插补和圆弧插补，其中圆弧插补又可分为顺圆弧插补和逆圆弧插补。

插补指令都是模式代码指令。所谓模式代码指令就是只要指定一次功能代码格式，以后就不用指定，系统会以前面最近的功能模式确认本程序段的功能。除非重新指定同类型功能代码，否则以后的程序段仍然可以默认该功能代码。

直线插补（G01）：系统以直线段的方式逼近该点。用户需给出终点坐标。例如，G01X100.000Y100.000 表示刀具将以直线的方式从当前点到达目的点（100，100）。

顺圆弧插补（G02）：系统以半径一定的圆弧的方式按顺时针的方向逼近该点。要求给出终点坐标、圆弧半径以及圆心坐标。例如，G02X100.000Y100.000 R20.000 表示刀具将以半径为 R20 圆弧的方式，按顺时针方向从当前点到达目的点（100，100）；G02X100.000Y100.000I50.000J50.000 表示刀具将以当前点、终点（100，100）和圆心（50，50）所确定的圆弧的方式，按顺时针方向从当前点到达目的点（100，100）。

逆圆弧插补（G03）：系统以半径一定的圆弧的方式按逆时针的方向逼近该点。要求给出终点坐标、圆弧半径以及圆心坐标。例如，G03X100.000Y100.000 R20.000 表示刀具将以半径为 R20 圆弧的方式，按逆时针方向从当前点到达目的点（100，100）。

4）主轴控制指令。

主轴转数：S。

主轴正转：M03。

主轴反转：M04。

主轴停：M05。

5）冷却液[⊖]开关控制指令。

冷却液开（M07）：M07 指令打开冷却液阀门开关，开始开放冷却液。

冷却液关（M09）：M09 指令关掉冷却液阀门开关，停止开放冷却液。

6）坐标设定。用户可以根据需要设置坐标系，系统根据用户设置的参照系确定坐标值是绝对的还是相对的。

⊖　国家标准规定，冷却液应为切削液，但是由于 CAXA 软件的对话框中为冷却液，故文中写为冷却液。

坐标系设置（G54）：G54 是程序坐标系设置指令。一般地，以零件原点作为程序的坐标原点。程序零点坐标存储在机床的控制参数区。程序中不设置此坐标系，而是通过 G54 指令调用。

绝对指令（G90）：把系统设置为绝对编程模式。以绝对模式编程的指令，坐标值都以 G54 所确定的工件零点为参考点。绝对指令 G90 也是模式代码指令，除非被同类型代码 G91 所代替，否则系统一直默认。

相对指令（G91）：把系统设置为相对编程模式。以相对模式编程的指令，坐标值都以该点的前一点为参考点，指令值以相对递增的方式编程。同样，G91 也是模式代码指令。

7）补偿。补偿包括半径左补偿、半径右补偿及半径补偿关闭。有了补偿后，编程时可以直接根据曲线轮廓编程。

半径左补偿（G41）：指加工轨迹以进给的方向为正方向，沿轮廓线左边让出一个刀具半径。

半径右补偿（G42）：指加工轨迹以进给的方向为正方向，沿轮廓线右边让出一个刀具半径。

半径补偿关闭（G40）：补偿的关闭是通过代码 G40 来实现的。左右补偿指令代码都是模式代码指令，所以，也可以通过开启一个补偿指令代码来关闭另一个补偿指令代码。

8）延时控制。

延时指令（G04）：程序执行延时指令时，刀具将在当前位置停留给定的延时时间。

延时表示（X）：其后跟随的数值表示延时的时间。

9）程序停止（M30）：程序结束指令 M30 将结束整个程序的运行，所有的功能 G 代码和与程序有关的一些机床运行开关，如冷却液开关、开关走丝、机械手开关等都将关闭，处于原始禁止状态。机床处于当前位置，如果要使机床停在机床零点位置，则必须用机床回零指令使之回零。

10）恒线速度（G96）：切削过程中按指定的线速度值保持线速度恒定。

11）恒角速度（G97）：切削过程中按指定的主轴转速保持主轴转速恒定，直到下一指令改变该指令为止。

12）最高转速限制（G50）：限制机床主轴的最高转速，常与恒线速度（G96）同用匹配。

（2）程序格式设置。

程序格式设置就是对 G 代码的各程序段格式进行设置。"程序段"含义见 G 代码程序示例。用户可以对以下程序段进行格式设置：程序起始符号、程序结束符号、程序说明、程序头和程序尾换刀段。

1）设置方式。

设置方式为字符串或宏指令@字符串或宏指令。其中，宏指令为"$+宏指令串"，系统提供的宏指令串有：

当前后置文件名：POST_NAME。

当前日期：POST_DATE。

当前时间：POST_TIME。

当前 X 坐标值：COORD_Y。

当前 Z 坐标值：COORD_X。

当前程序号：POST_CODE。

以下宏指令内容与图 7-18 中的设置内容一致。

行号指令：LINE_NO_ADD。

行结束符：BLOCK_END。

直线插补：G01。

顺圆弧插补：G02。

逆圆弧插补：G03。

绝对指令：G90。

相对指令：G91。

指定当前点坐标：G92。

冷却液开：COOL_ON。

冷却液关：COOL_OFF。

程序停止：PRO_STOP。

半径左补偿：DCMP_LFT。

半径右补偿：DCMP_RGH。

半径补偿关闭：DCMP_OFF。

@：换行标志。若是字符串，则输出@本身。

$：输出空格。

2）程序说明。

说明部分是对程序的名称、与此程序对应的零件名称编号以及编制日期和时间等有关信息的记录。程序说明部分是为了管理的需要而设置的。有了这个功能项目，用户可以很方便地进行管理。例如，要加工某个零件时，只需要从管理程序中找到对应的程序编号即可，而不需要从复杂的程序中去一个一个个寻找需要的程序。

N126-60231. $ POST_NAME，$ POST_DATE 和$ POST_TIME，在生成的后置程序中的程序说明部分输出如下说明：

N126-60231，01261，1996，9，2-15：30：30

3）程序头。

针对特定的数控机床来说，其数控程序开头部分都是相对固定的，包括一些机床信息，如机床回零，工件零点设置，开走丝以及车削液开启等。

例如，直线插补指令内容为 G01，那么，$ G1 的输出结果为 G01。同样，$ COOL_ON 的输出结果为 M7，$ PRO_STOP 的输出结果为 M02，依此类推。

又如，$ COOL_ ON@ $ SPN_CW@ $ G90 $$ GO $ COORD_Y $ COORD_X@ G41 在后置文件中的输出内容为

M07；

M03；

G90 G00X10. 000Z20. 0000；

G41。

14. 后置处理设置

后置处理设置就是针对特定的机床，结合已经设置好的机床配置，对后置输出的数控程序的格式，如程序段行号、程序大小、数据格式、编程方式、圆弧控制方式等进行设置。本功能可以设置默认机床及 G 代码输出选项。机床名选择已存在的机床名作为默认机床。

后置参数设置包括程序段行号、程序大小、数据格式、编程方式和圆弧控制方式等。

在【数控车】主菜单中选择【后置设置】命令，系统弹出【后置处理设置】对话框，如图 7-19 所示。用户可以根据需要更改已有机床的后置设置。单击【确定】按钮可将用户的更改保存，单击【取消】按钮则放弃已做的更改。

【后置处理设置】对话框中各选项的含义如下。

（1）机床系统 首先，数控程序必须针对特定的数控机床，特定的配置才具有加工的实际意义，所以后置设置必须先调用机床配置。在图 7-19 中，从【机床名】下拉列表框中选择一个机床名，就可以很方便地从配置文件中调出

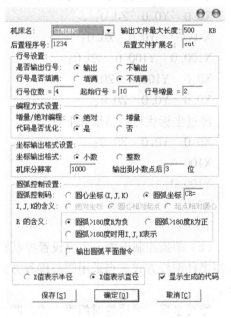

图 7-19 【后置处理设置】对话框

该机床的相关配置。图中调用的为 LATH2 数控系统的相关配置。

（2）输出文件最大长度 输出文件长度可以对数控程序的大小进行控制，文件大小控制以 KB 为单位。当输出的代码文件长度大于规定长度时，系统自动分割文件。例如，当输出的 G 代码文件 post. ISO 超过规定的长度时，就会自动分割为post0001. ISO，post0002. ISO，post0003. ISO，post0004. ISO 等。

（3）行号设置　程序段行号设置包括行号的位数、是否输出行号、行号是否填满、起始行号以及行号增量等。是否输出行号：选中行号输出，则在数控程序中的每一个程序段前面输出行号，反之亦然。

行号是否填满：指行号不足规定的行号位数时是否用 0 填充。行号填满就是在不足所要求的行号位数的前面补零，如 N0028；反之亦然，如 N28。

行号增量：指程序段行号之间的间隔。例如，N0020 与 N0025 之间的间隔为 5。建议用户选取比较适中的递增数值，这样有利于程序的管理。

（4）编程方式设置　有绝对编程（G90）和增量编程（G91）两种方式。

（5）坐标输出格式设置　决定数控程序中数值的格式是小数输出还是整数输出。"机床分辨率"就是机床的加工精度，如果机床精度为 0.001mm，则分辨率设置为 1000，以此类推。"输出到小数点后"可以控制加工精度，但不能超过机床精度，否则是没有实际意义的。

优化坐标值指输出的 G 代码中，若坐标值的某分量与上一次相同，则此分量在 G 代码中不出现。下一段是没有经过优化的 G 代码。

X0.0　　Y0.0　　Z0.0；

X100.0　　Y0.0　　Z0.0；

X100.0　　Y100.0　　Z0.0；

X0.0　　Y100.0　　Z0.0；

X0.0　　Y0.0　　Z0.0；

经过坐标优化的结果如下。

X0.0　　Y0.0　　Z0.0；

X100.0；

Y100.0；

X0.0；

Y0.0；

（6）圆弧控制设置　主要设置控制圆弧的编程方式，即采用圆心编程方式还是采用半径编程方式。当采用圆心编程方式时，圆心坐标（I，J，K）有如下 3 种含义。

绝对坐标：采用绝对编程方式，圆心坐标（I，J，K）的坐标值为相对于工件零点绝对坐标系的绝对值。

圆心相对起点：圆心坐标以圆弧起点为参考点取值。

起点相对圆心：圆弧起点坐标以圆心坐标为参考点取值。

按圆心坐标编程时，圆心坐标的各种含义是针对不同的数控机床而言的。不同机床之间，其圆心坐标编程的含义不同，但对于特定的机床，其含义只有其中一种。当采用半径编程时，采用半径正负区别的方法来控制圆弧是劣圆弧还是优圆弧。圆弧半径 R 的含义即表现为以下两种。

优圆弧：圆弧大于 180°，R 为负值。

劣圆弧：圆弧小于 180°，R 为正值。

（7）X 值表示半径　软件系统采用半径编程。

（8）X 值表示直径　软件系统采用直径编程。

（9）显示生成的代码　选中时系统调用 Windows 记事本显示生成的代码，如果代码太长，则提示用写字板打开。

（10）扩展文件名控制和后置程序号　后置文件扩展名是控制所生成的数控程序文件名的扩展名。有些机床对数控程序要求有扩展名，有些机床没有这个要求，应视不同的机床而定。后置程序号是记录后置设置的程序号，不同的机床其后置设置不同，所以采用程序号来记录这些设置，以便于日后使用。

7.3　数控车 2011 软件的传输功能

如果在数控车床上采用手动数据输入的方法往 CNC 中输入，由于 CAD/CAM 软件生成的程序较长，会造成操作、编辑及修改的不方便。而且 CNC 内存较小，程序较大时就无法输入。为此必须通过传输（计算机与数控系统 CNC 之间的串口连接，以及 DNC 功能）的方法来完成。

1. 串口线路的连接

在计算机与数控车床的 CNC 之间进行程序传输，采用的是 9 孔串行接口与 25 针串行接口，其串行接口的接插件如图 7-20 所示。其中，9 孔的串行接口与计算机的 COM1 或 COM2 相连，25 针串行接口与数控系统的通信接口相连。9 孔串行接口与 25 针串行接口的编号如图 7-21 所示，它们的连接方式为：9—2 与 25—2、9—3 与 25—3、9—5 与 25—7 用屏蔽电缆线相连。另外，25—4 与 25—5 短接，25—6 与 25—8、25—20 三者短接。

图 7-20　串行接口的接插件

2. DNC 传输软件参数的设置

用于数控车床的 DNC 传输软件现在比较多，有 FANUC 数控系统自带的 DNC 传输软件，CAXA 数控车本身也有自带通信功能，其操作界面如图 7-22 所示。

在操作界面中可以对程序进行发送或接收。在传输时，单击图 7-22 中的【通

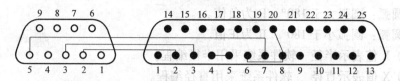

图 7-21　串口线路的连接方法

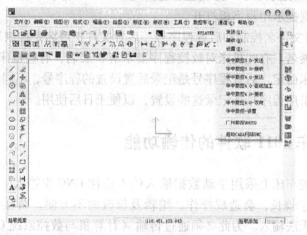

图 7-22　CAXA 数控车传输软件操作界面

信】主菜单，出现下拉菜单，选择【发送】命令即可进入如图 7-23 所示的对话框，选择机床系统后，单击【代码文件】按钮，出现如图 7-24 所示的对话框，选择准备发送的代码文件，单击【打开】按钮，返回图 7-23 所示的对话框，单击【确定】按钮开始发送程序。

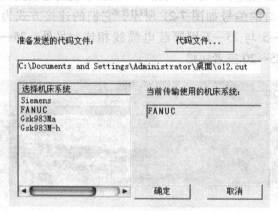

图 7-23　【发送代码】对话框

在发送程序前，要对传输的参数进行设置。单击图 7-22 中的【通信】主菜单，在出现的下拉菜单中选择【设置】命令，即可进入如图 7-25 所示的【FANUC 参数设置】对话框，对参数进行设置。参数设置时必须保证数控系统的传输参数与 DNC 传输软件的传输参数一致，才能将正确的程序传输到数控机床。

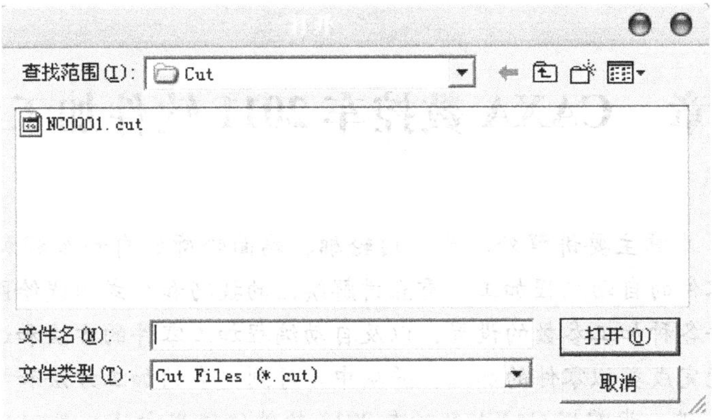

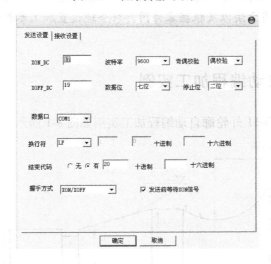

图 7-24　程序传输对话框

图 7-25　【FANUC 参数设置】对话框

3. 传输操作过程

1）在计算机中打开 DNC 传输软件，设置传输参数后选择【发送】命令，进入如图 7-24 所示的程序选择对话框，选择准备发送的代码文件，单击【打开】按钮。

2）在数控车床上把方式选择旋钮旋至【EDIT】方式，按功能键中的 < PROG > 键。

3）在数控车床上输入生成的程序名，即地址 O 及程序号，按下显示屏软键 < OPRT > → < READ > → < EXEC > ，程序即被输入。

4）在计算机上的 DNC 传输软件的【发送代码】话框中，单击【确定】按钮开始发送程序。

第 8 章　CAXA 数控车 2011 软件加工实例

【提示】　本章主要讲解外轮廓、内轮廓、端面轮廓的自动编程加工以及综合零件和复杂零件的自动编程加工。重点讲解绘图的技巧和公式曲线绘图的方法，加工操作中零件各种加工参数的设置，以及自动编程加工零件的方法和过程。读者通过练习后，能完成类似零件的加工，并从中学习到更多的加工方法和技巧。

【目标】　进一步掌握 CAXA 数控车 2011 软件的使用方法，并利用自动编程软件的加工功能，实现与实际零件加工相结合。重点掌握 CAXA 数控车 2011 软件中各种加工工具的使用方法以及根据零件图要求合理设置加工参数和利用软件生成合理刀具轨迹的方法。

8.1　外轮廓自动编程加工实例

CAXA 数控车 2011 外轮廓自动编程加工实例如图 8-1 所示。

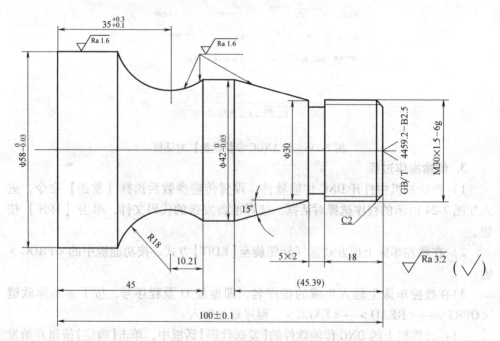

图 8-1　CAXA 数控车 2011 外轮廓自动编程加工实例

8.1.1　操作步骤

1. 分析图样和制定工艺清单

该轴类零件结构较简单，但尺寸公差要求较小，没有位置要求，零件的表面粗糙度要求较严。

2. 加工路线和装夹方法的确定

根据工艺清单的要求，该零件全部由数控车完成，但要注意保证尺寸的一致性。在数控车上车削时，使用"一夹一顶"（即自定心卡盘装夹零件一端，另一端通过顶尖装夹）装夹，按零件图所示位置装夹，先钻削中心孔，加工零件的外轮廓部分，切削 5mm×2mm 的螺纹退刀槽，加工 M30×1.5mm 的细牙管螺纹，最后保证总长有适当余量，手动平端面保证零件总长。

3. 绘制零件轮廓循环车削加工工艺图

在 CAXA 数控车 2011 中绘制加工零件轮廓循环车削加工工艺图，不必像 AO-TUCAD 软件那样绘制出全部零件的轮廓线，只要绘制出要加工部分的轮廓即可。绘制零件的轮廓循环车削加工工艺图时，将坐标系原点选在零件的右端面和中心轴线的交点上，绘出毛坯轮廓和零件实体。

4. 编制加工程序

根据零件的工艺清单、加工工艺图和实际加工情况，使用 CAXA 数控车 2011 软件的 CAM 部分完成零件的外圆粗精加工、切外沟槽、车削外螺纹、凹圆弧加工等刀具轨迹，实现仿真加工，合理设置机床的参数，生成加工程序代码。

下面我们一起来完成绘制零件轮廓循环车削加工工艺图、编制加工程序、仿真、生成 G 代码等软件操作。

8.1.2　零件加工建模

1. 启动 CAXA 数控车 2011 软件

1）CAXA 数控车 2011 软件正常安装完成时，在 Windows 桌面会出现【CAXA 数控车 2011】图标，双击【CAXA 数控车 2011】图标就可以运行该软件。

2）也可以单击桌面左下角的【开始】→【程序】→【CAXA 数控车 2011】命令来运行该软件。

2. 零件造型

零件加工造型的方法有很多，我们应根据零件形状，使用最快捷的绘图方法将零件加工造型绘制出来。如图 8-1 所示，可以用直线、圆弧绘制图形，也可以用 CAXA 数控车 2011 软件针对轴/孔类零件设计的特殊功能绘制图形。零件加工造型的方法及步骤如下。

注意：零件造型时选择的基准零点应与零件实际加工编程的零点一致，这样生成的 NC 代码程序才能在数控机床上正确使用。

（1）绘制零件外形直线轮廓

1）在菜单栏中选择【绘图】→【孔/轴】命令，或者单击【绘图工具】工具栏中的⊕按钮，在弹出的立即菜单中选择【轴】和【直接给出角度】选项，【中心线角度】设置为"0°"，状态栏中提示插入点，输入"0，0"后单击【确定】按钮。

2）绘制 φ30mm 外圆。在立即菜单中设置【起始直径】为"30"，【终止直径】为"30"，然后输入长度"18"，单击【确定】按钮，即可绘制出 φ30mm 外圆。

3）绘制 φ26mm 外沟槽。继续在立即菜单中设置【起始直径】为"26"，【终止直径】为"26"，然后输入长度"5"，单击【确定】按钮，即可绘制出 φ26mm 外沟槽。

4）绘制锥度。继续在立即菜单中设置【起始直径】为"30"，【终止直径】为"42"，然后输入长度"22.39"，单击【确定】按钮，即可绘制出锥度。

5）绘制 φ42mm 外圆。继续在立即菜单中设置【起始直径】为"42"，【终止直径】为"42"，然后输入长度"9.61"，单击【确定】按钮，即可绘制出 φ42mm 外圆。

6）绘制 φ58mm 外圆。继续在立即菜单中设置【起始直径】为"58"，【终止直径】为"58"，然后输入长度"45"，单击【确定】按钮，即可绘制出 φ58mm 外圆。

7）单击鼠标右键确定，生成如图 8-2 所示的图形。

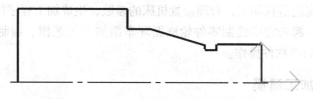

图 8-2　绘制直线轮廓

（2）绘制圆弧轮廓

1）先绘制一个辅助圆，然后在菜单栏中选择【绘图】→【圆】命令，或者单击【绘图工具】工具栏中的⊙按钮，在弹出的立即菜单中选择【圆心_半径】、【半径】和【无中心线】选项，状态栏中提示圆心点应在绘图区，捕捉 φ30mm 外圆与 φ58mm 外圆右端面的交点，单击【确定】按钮，设置【半径】为"18"，单击【确定】按钮，绘制出 φ36mm 的辅助圆。

2）绘制一条辅助线。在菜单栏中选择【绘图】→【平行线】命令，或者单击【绘图工具】工具栏中的∥按钮，在弹出的立即菜单中选择【偏移方式】和【单向】选项，状态栏中提示拾取直线，选择左端的直线，设置【距离】为"34.79"，单击【确定】按钮，即可绘制出一条辅助线，该线与 φ36mm 的辅助圆的交点即为 R18mm 圆弧的圆心。

3）绘制 *R*18mm 圆弧。在菜单栏中选择【绘图】→【圆】命令，或者单击【绘图工具】工具栏中的⊕按钮，在弹出的立即菜单中选择【圆心_半径】、【半径】和【无中心线】选项，状态栏中提示圆心点应在绘图区，捕捉 φ36mm 辅助圆与辅助线的交点，单击【确定】按钮，设置【半径】为"18"单击【确定】按钮，即可绘制出 R18 圆弧，如图 8-3 所示。

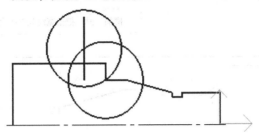

图 8-3　绘制圆弧轮廓

4）曲线裁剪和删除。在菜单栏中选择【修改】→【裁剪】和【删除】命令，或者单击【编辑工具】工具栏中的✂和✐按钮，在弹出的立即菜单中选择【快速裁剪】选项，状态栏中提示拾取要裁剪的线段，用鼠标直接拾取被裁剪的线段，即可直接删除没用的线段。拾取完毕后单击鼠标右键确定。修剪后的图形如图 8-4 所示。

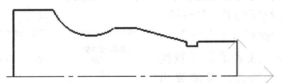

图 8-4　修剪后的外轮廓

（3）绘制 C2 的倒角　在菜单栏中选择【修改】→【过渡】命令，或者单击【编辑工具】工具栏中的厂按钮，在弹出的立即菜单中选择【倒角】和【裁剪】选项，并将【长度】设置为"2"，【角度】设置为"45°"，状态栏中提示拾取第一条直线，用鼠标依次拾取倒角相邻两边的直线，倒角完成。倒角后的图形如图 8-5 所示。

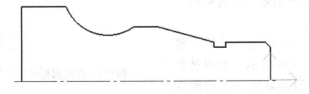

图 8-5　倒角后的外轮廓

8.1.3　刀位轨迹的生成

1. 左端轮廓轨迹的生成

（1）左端轮廓毛坯建模　根据零件的加工要求，设置零件毛坯尺寸。毛坯尺寸左端外圆为 φ65mm，端面预留 5mm，设置后的左端毛坯如图 8-6 所示。

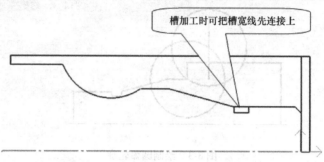

槽加工时可把槽宽线先连接上

图 8-6　毛坯轮廓

　　加工轮廓粗车的毛坯轮廓时，先做零件右端端面，预留 5mm 的毛坯，然后再做零件轮廓外圆毛坯 φ65mm，最后连接槽宽。应使被加工轮廓和毛坯轮廓的两端点相连，两轮廓共同构成一个封闭的加工区域。在选择被加工轮廓或毛坯轮廓时，如果出现拾取失败，则说明该轮廓单独闭合或自相交。

　　（2）生成左端端面加工刀具路径

　　1）在菜单栏中选择【数控车】→【轮廓粗车】命令，或者单击【数控车】工具栏中的 按钮，系统弹出【粗车参数表】对话框，单击【加工参数】选项卡，设置的参数如图 8-7 所示；单击【进退刀方式】选项卡，设置的参数如图 8-8 所示；单击【切削用量】选项卡，设置的参数如图 8-9 所示，单击【轮廓车刀】选项卡，设置的参数如图 8-10 所示，设置完成后单击【确定】按钮。

　　2）在立即菜单中选择【单个拾取】选项，状态栏中提示"拾取被加工表面轮廓"，当拾取第一条轮廓线

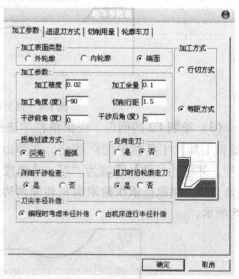

图 8-7　左端面粗车加工参数设置

后，此轮廓线变成红色的虚线，系统提示"选择方向"，依次拾取加工表面轮廓线并单击鼠标右键确定；状态栏中提示"拾取定义的毛坯轮廓"，顺序拾取毛坯的轮廓线并单击鼠标右键确定；状态栏中提示"输入进退到点"，输入"5，35"后按

回车键，生成如图 8-11 所示的刀具路径。

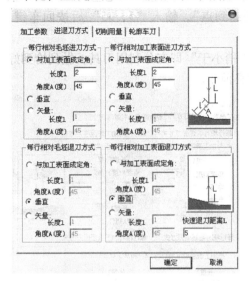

图 8-8　左端面粗车进退刀参数设置

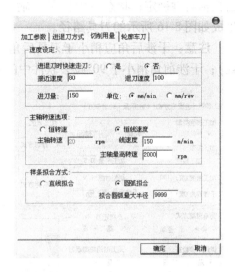

图 8-9　左端面切削用量参数设置

（3）生成左端外轮廓粗加工刀具路径

1）在菜单栏中选择【数控车】→【外轮廓粗车】命令，或者单击【数控车】工具栏中的按钮，系统弹出【粗车参数表】对话框，单击【加工参数】选项卡，设置的参数如图 8-12 所示；单击【进退刀方式】选项卡，设置的参数如图 8-13 所示；单击【切削用量】选项卡，设置的参数如图 8-14 所示；单击【轮廓车刀】选项卡，设置的参数如图 8-15 所示，设置完成后单击【确定】按钮。

2）在立即菜单中选择【单个拾取】选项，状态栏中提示"拾取被加工表面轮廓"，依次拾取加工表面轮廓线并单击鼠

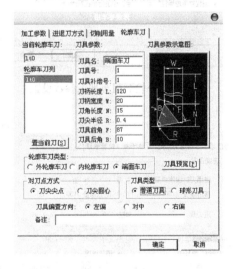

图 8-10　左端面轮廓车刀参数设置

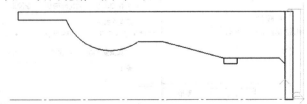

图 8-11　左端面刀具路径

标右键确定；状态栏中提示"拾取定义的毛坯轮廓"，顺序拾取毛坯的轮廓线并单击鼠标右键确定；状态栏中提示"输入进退到点"，输入"5，35"后按回车键，生成如图 8-16 所示的刀具路径。

注意：干涉后角应稍小于刀具后角（"稍小于"即充分利用刀具，做到恰到好处）；干涉前角稍小于 90°减去软件中的刀具前角。

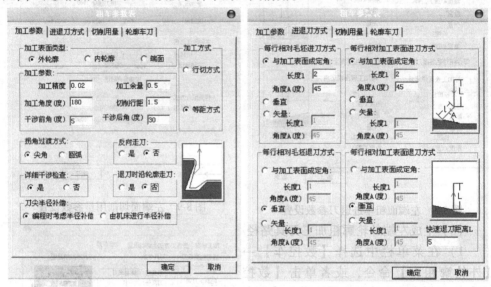

图 8-12　外轮廓粗车加工参数设置　　　　图 8-13　外轮廓粗车进退刀参数设置

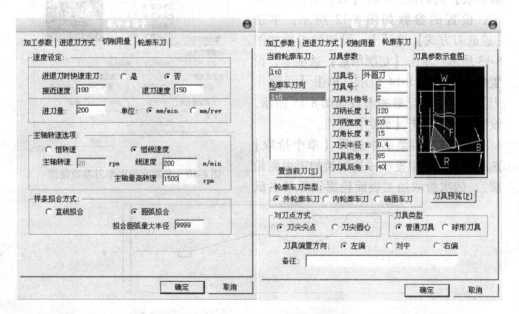

图 8-14　外轮廓粗车切削用量参数设置　　　图 8-15　外轮廓粗车轮廓车刀参数设置

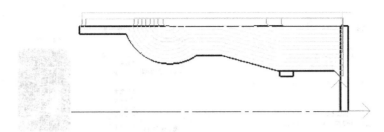

图 8-16　外轮廓粗车刀具路径

（4）生成左端外轮廓精加工刀具路径　在菜单栏中选择【数控车】→【外轮廓精车】命令，或者单击【数控车】工具栏中的■按钮，系统弹出【精车参数表】对话框，单击【加工参数】选项卡，设置的参数如图 8-17 所示；单击【进退刀方式】选项卡，设置的参数如图 8-18 所示；单击【切削用量】选项卡，设置的参数如图 8-19 所示；单击【轮廓车刀】选项卡，设置的参数如图 8-20 所示，设置完成后单击【确定】按钮。

外轮廓精车刀具路径的选择方式与粗车一样，生成的刀具路径如图 8-21 所示。

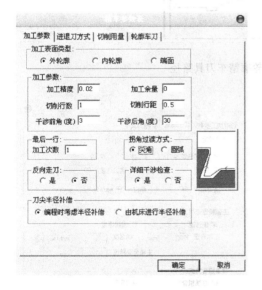

图 8-17　外轮廓精车加工参数设置

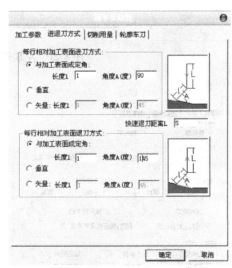

图 8-18　外轮廓精车进退刀方式参数设置

（5）生成径向切槽加工刀具路径

1）在菜单栏中选择【数控车】→【切槽】命令，或者单击【数控车】工具栏中的■按钮，系统弹出【切槽参数表】对话框，单击【切槽加工参数】选项卡，设置的参数如图 8-22 所示；单击【切削用量】选项卡，设置的参数如图 8-23 所示；单击【切槽刀具】选项卡，设置的参数如图 8-24 所示，设置完成后单击【确定】按钮。

图 8-19 外轮廓精车切削用量参数设置

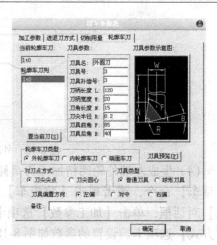

图 8-20 外轮廓精车轮廓车刀参数设置

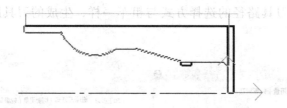

图 8-21 左端外轮廓精车刀具路径

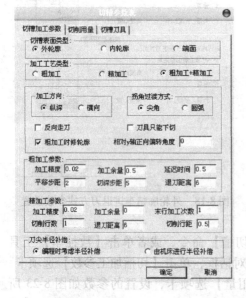

图 8-22 切槽加工参数设置

图 8-23 切槽切削用量参数设置

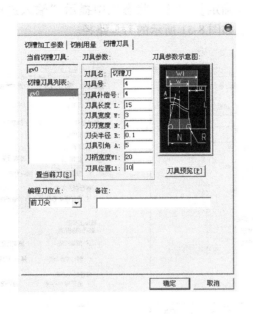

图 8-24　切槽刀具参数设置

2）在立即菜单中选择【单个拾取】选项，状态栏中提示"拾取被加工表面轮廓"，依次拾取外沟槽表面轮廓线并单击鼠标右键确定，状态栏中提示"输入进退到点"，输入"－22，25"后按回车键，生成如图 8-25 所示的刀具路径。

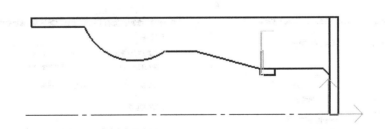

图 8-25　切槽加工刀具路径

（6）生成螺纹加工刀具路径　在菜单栏中选择【数控车】→【车螺纹】命令，或者单击【数控车】工具栏中的▄▄按钮，状态栏中提示"拾取螺纹起始点"，输入"5，15"按回车键；状态栏中提示"拾取螺纹终点"，输入"－20，15"后按回车键，系统弹出【螺纹参数表】对话框，单击【螺纹参数】选项卡，设置的参数如图 8-26 所示；单击【螺纹加工参数】选项卡，设置的参数如图 8-27 所示；单击【进退刀方式】选项卡，设置的参数如图 8-28 所示；单击【切削用量】选项卡，设置的参数如图 8-29 所示；单击【螺纹车刀】选项卡，设置的参数如图 8-30 所示，设置完成后单击【确定】按钮。状态栏中提示"输入进退到点"，输入"5，20"后按回车键，生成如图 8-31 所示的刀具路径。

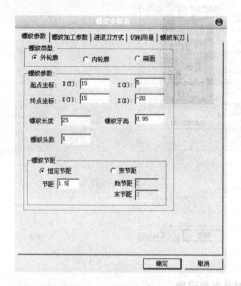

图 8-26　螺纹参数设置

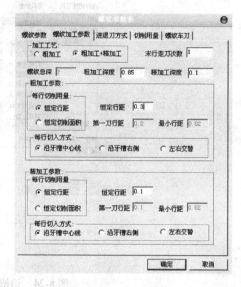

图 8-27　螺纹加工参数设置

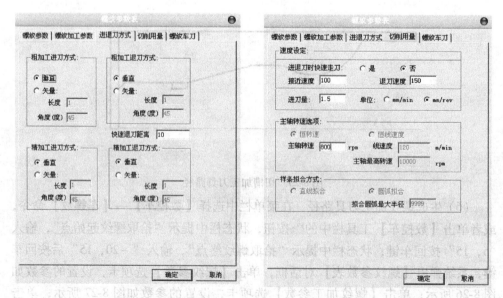

图 8-28　螺纹进退刀参数设置　　　　　　　图 8-29　螺纹切削用量参数设置

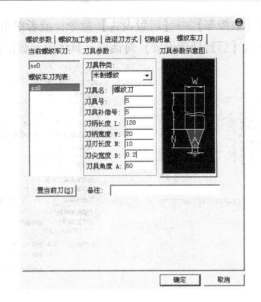

图 8-30　螺纹车刀参数设置

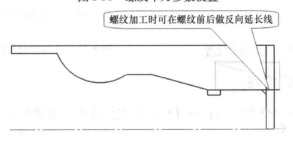

图 8-31　螺纹刀具路径

8.1.4　刀具轨迹的仿真加工

在菜单栏中选择【数控车】→【轨迹仿真】命令，或者单击【数控车】工具栏中的💾按钮，在弹出的立即菜单中选择【二维实体】和【缺省毛坯轮廓】选项，【步长】设置为"0.05"，在界面的左下方系统提示区显示"拾取刀具轨迹"，按加工顺序分别选择零件的加工轨迹，然后单击鼠标右键结束，系统即开始刀具加工轨迹的仿真。仿真过程中可单击键盘中的＜Esc＞键终止仿真。

8.1.5　机床设置与后置处理

1. 机床类型的设置

在菜单栏中选择【数控车】→【机床设置】命令，或者单击【数控车】工具栏中的🔧按钮，系统弹出【机床类型设置】对话框，然后选择机床名 FANUC 系统，根据 FANUC 系统的编程指令格式，分别填写各项参数，如图 8-32 所示。

2. 后置处理

在菜单栏中选择【数控车】→【后置设置】命令，或者单击【数控车】工具栏中的 按钮，系统弹出【后置处理设置】对话框，具体的参数位置如图 8-33 所示。

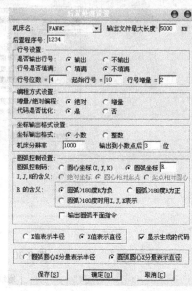

图 8-32　机床类型参数设置　　　　　图 8-33　【后置处理设置】对话框

8.1.6　生成 NC 代码

在菜单栏中选择【数控车】→【代码生成】命令，或者单击【数控车】工具

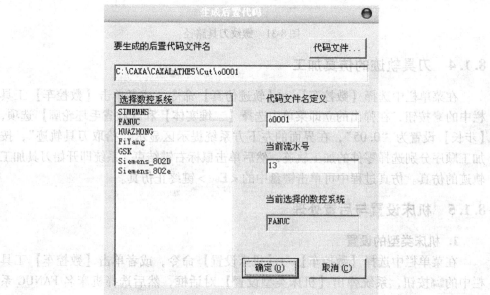

图 8-34　【生成后置代码】对话框

栏中的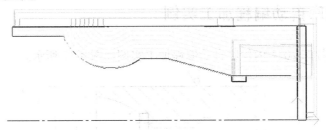按钮，系统弹出【生成后置代码】对话框，输入文件名"o0001"，如图 8-34 所示。单击【确定】按钮，状态栏中提示"拾取刀具轨迹"，然后按照零件的加工顺序选择加工轨迹。如图 8-35 所示，依次是右端端面轮廓轨迹、外轮廓粗车轨迹、外轮廓精车轨迹、切槽轨迹和螺纹轨迹，单击鼠标右键确定，生成如图 8-36 所示的加工程序。

图 8-35　外轮廓加工轨迹

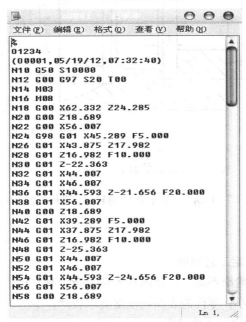

图 8-36　外轮廓加工程序

8.1.7　程序传输

1）在计算机中打开 CAXA 数控车本身自带的通信功能，设置传输参数后选择【发送】命令进入程序选择对话框，选择准备发送的代码文件，单击【打开】按钮。

2）在数控车床上把方式选择旋钮旋至【EDIT】方式，按功能键中的 < PROG > 键。

3) 在数控车床上输入生成的程序名，即地址 O 及程序号，按下显示屏软键 <OPRT> → <READ> → <EXEC>，程序被输入。

4) 在 CAXA 数控车的【发送代码】对话框中单击【确定】按钮开始发送程序。

8.2　内轮廓自动编程加工实例

CAXA 数控车 2011 内轮廓自动编程加工实例如图 8-37 所示。

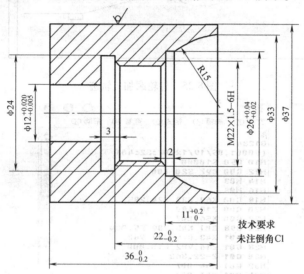

图 8-37　CAXA 数控车 2011 内轮廓自动编程加工实例

8.2.1　操作步骤

1. 分析图样和制定工艺清单

该套类零件的外轮廓不加工，但内轮廓较复杂，有内孔、圆弧、内螺纹及内沟槽，尺寸公差要求较小，零件的表面粗糙度要求较严。

2. 加工路线和装夹方法的确定

根据工艺清单的要求，该零件全部由数控车完成，但要注意保证尺寸的一致性。在数控车上车削时，使用自定心卡盘装夹零件外圆，先钻 ϕ10mm 内孔，加工零件的内轮廓部分，再切削 ϕ24mm × 3mm 的螺纹退刀槽，加工 M22 × 1.5mm 的细牙三角内螺纹，最后保证总长有适当余量切断工件。切断后装夹 ϕ37mm 的外圆，手动平端面保证零件总长。

3. 绘制零件内轮廓循环车削加工工艺图

该零件主要绘制出加工部分的内轮廓即可。绘制零件的内轮廓时，先绘制内圆和台阶，再绘制圆弧和倒角。绘制零件图时，应注意将坐标系原点选在零件的右端面和中心轴线的交点上，这样生成加工程序的坐标值都是相对于坐标系原点的值。

4. 编制加工程序

根据零件的工艺清单、加工工艺图和实际加工情况，使用 CAXA 数控车 2011 软件的 CAM 部分完成零件的内轮廓粗精加工、内沟槽、车削内螺纹、凹圆弧加工等刀具轨迹，实现仿真加工，合理设置机床的参数，生成加工程序代码。

8.2.2　零件加工建模

零件加工造型的方法及步骤如下。

1. 绘制零件内形直线轮廓

1）在菜单栏中选择【绘图】→【孔/轴】命令，或者单击【绘图工具】工具栏中的 按钮，在弹出的立即菜单中选择【孔】和【直接给出角度】选项，【中心线角度】设置为"0°"，状态栏中提示插入点，输入"0，0"，后单击【确定】按钮。

2）绘制 φ33mm 圆弧直径。在立即菜单中设置【起始直径】为"30"，【终止直径】为"26"，然后输入长度"9"，单击【确定】按钮，即可绘制出 φ33mm、φ26mm 圆弧直径。

3）绘制 φ26mm 内孔。继续在立即菜单中设置【起始直径】为"26"，【终止直径】为"26"，然后输入长度"2"，单击【确定】按钮，即可绘制出 φ26mm 内孔。

4）绘制内螺纹底孔径。继续在立即菜单中设置【起始直径】为"20.5"，【终止直径】为"20.5"，然后输入长度"11"，单击【确定】按钮，即可绘制出内螺纹底孔径。

5）绘制内沟槽。继续在立即菜单中设置【起始直径】为"24"，【终止直径】为"24"，然后输入长度"3"，单击【确定】按钮，即可绘制出内沟槽。

6）绘制 φ12mm 内孔。继续在立即菜单中设置【起始直径】为"12"，【终止直径】为"12"，然后输入长度"11"，单击【确定】按钮，即可绘制出 φ12mm 的内孔。

7）单击鼠标右键确定，生成如图 8-38 所示的内轮廓图形。

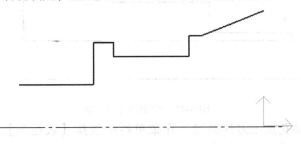

图 8-38　绘制内轮廓

2. 绘制 R15mm 内圆弧轮廓

在菜单栏中选择【绘图】→
【圆弧】命令，或者单击【绘图工
具】工具栏中的 ✎ 按钮，在弹出的
立即菜单中选择【两点_半径】选
项，状态栏中提示"第一点"，捕捉
φ26mm 的内孔与斜线的交点；状态
栏中提示"第二点"，捕捉 φ33mm

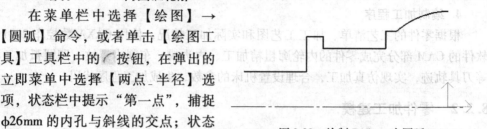

图 8-39　绘制 R15mm 内圆弧

的端点，然后输入"15"，单击【确定】按钮，删除辅助的斜线，生成如图 8-39
所示的图形。

3. 倒角

在菜单栏中选择【修改】
→【过渡】命令，或者单击
【编辑工具】工具栏中的 ⌐ 按
钮，在弹出的立即菜单中选择
【倒角】和【裁剪】选项，并将
【长度】设置为"1"，【角度】
设置为"45°"，状态栏中提示

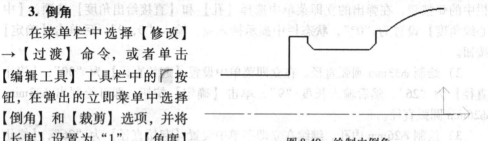

图 8-40　绘制内倒角

拾取第一条直线，用鼠标依次拾取倒角相邻两边的直线，倒角完成。修剪倒角后的
图形如图 8-40 所示。

8.2.3 刀位轨迹的生成

1. 内轮廓轨迹的生成

（1）内轮廓毛坯建模　根据零件的加工要求，设置零件毛坯尺寸。毛坯尺寸
内孔为 φ11mm，端面手动加工不预留余量。设置后的毛坯如图 8-41 所示。

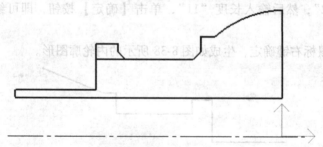

图 8-41　绘制内轮廓毛坯

（2）生成钻孔加工刀具路径　在菜单栏中选择【数控车】→【钻中心孔】
命令，或者单击【数控车】工具栏中的 ▣ 按钮，系统弹出【钻孔参数表】对话

框，单击【加工参数】选项卡，设置的参数如图 8-42 所示；单击【钻孔刀具】
选项卡，设置的参数如图 8-43 所示，设置完成后单击【确定】按钮。状态栏中
提示"拾取钻孔起始点"，输入"0，0"后按回车键，生成如图 8-44 所示的刀
具路径。

图 8-42　钻孔加工参数设置

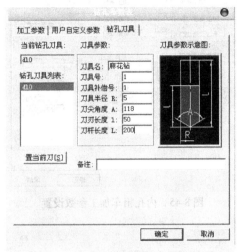

图 8-43　钻孔刀具参数设置

（3）生成内轮廓粗加工刀具路径

1）在菜单栏中选择【数控车】→【轮廓粗车】命令，或者单击【数控车】
工具栏中的 按钮，系统弹出【粗车参数表】对话框，单击【加工参数】选项卡，
设置的参数如图 8-45 所示；单击【进退刀方式】选项卡，设置的参数如图 8-46 所
示；单击【切削用量】选项卡，设置的参数如图 8-47 所示；单击【轮廓车刀】选
项卡，设置的参数如图 8-48 所示，设置完成后单击【确定】按钮。

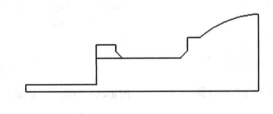

图 8-44　钻孔刀具路径

2）在立即菜单中选择【单个拾取】选项，状态栏中提示"拾取被加工表面轮
廓"，依次拾取加工表面轮廓线并单击鼠标右键确定；状态栏中提示"拾取定义的
毛坯轮廓"，顺序拾取毛坯的轮廓线并单击鼠标右键确定；状态栏中提示"输入进
退到点"，输入"5，8"后按回车键，生成如图 8-49 所示的刀具路径。

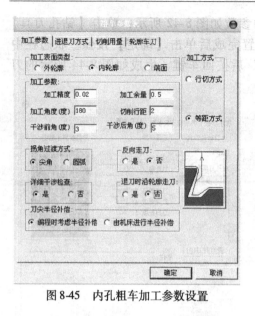

图 8-45　内孔粗车加工参数设置

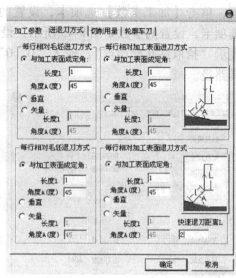

图 8-46　内孔粗车进退刀方式参数设置

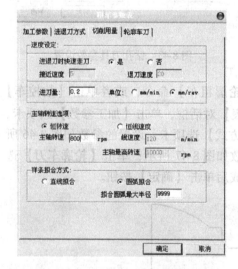

图 8-47　内孔粗车切削用量参数设置

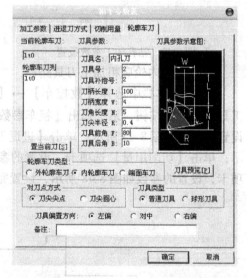

图 8-48　内孔粗车轮廓车刀参数设置

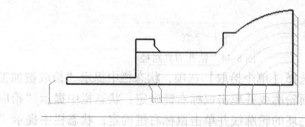

图 8-49　内孔粗车刀具路径

（4）生成右端内轮廓精加工刀具路径　在菜单栏中选择【数控车】→【内孔轮廓精车】命令，或者单击【数控车】工具栏中的■按钮，系统弹出【精车参数表】对话框，单击【加工参数】选项卡，设置的参数如图 8-50 所示；单击【进退刀方式】选项卡，设置的参数如图 8-51 所示；单击【切削用量】选项卡，设置的参数如图 8-52 所示；单击【轮廓车刀】选项卡，设置的参数如图 8-53 所示，设置完成后单击【确定】按钮。

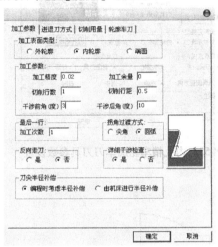

图 8-50　内孔精车加工参数设置

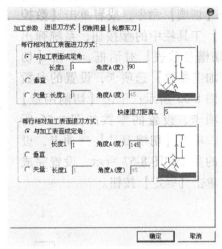

图 8-51　内孔精车进退刀方式参数设置

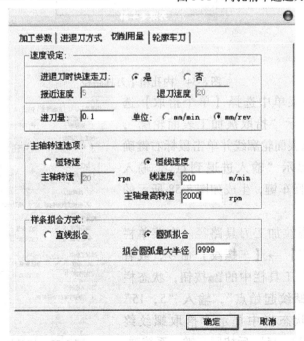

图 8-52　内孔精车切削用量参数设置

内孔精车轮廓刀具路径的选择方式与粗车一样，生成的刀具路径如图 8-54 所示。

（5）生成径向内切槽加工刀具路径

1）在菜单栏中选择【数控车】→【切槽】命令，或者单击【数控车】工具栏中的 ![刀具]按钮，系统弹出【切槽参数表】对话框，单击【切槽加工参数】选项卡，设置的参数如图 8-55 所示；单击【切削用量】选项卡，设置的参数如图 8-56 所示；单击【切槽刀具】选项卡，设置的参数如图 8-57 所示，设置完成后单击【确定】按钮。

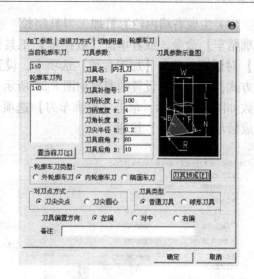

图 8-53　内孔精车轮廓车刀刀具参数设置

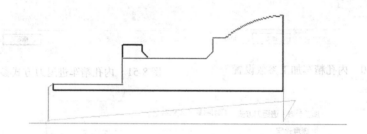

图 8-54　内孔精车刀具路径

2）在立即菜单中选择【单个拾取】选项，状态栏中提示"拾取被加工表面轮廓"，依次拾取外沟槽表面轮廓线并单击鼠标右键确定，状态栏中提示"输入进退到点"，输入"－22，25"后回车键，生成如图 8-58 所示的刀具路径。

（6）生成螺纹加工刀具路径。在菜单栏中选择【数控车】→【车螺纹】命令，或者单击【数控车】工具栏中的 ![螺纹]按钮，状态栏中提示"拾取螺纹起始点"，输入"5，15"后按回车键；状态栏中提示"拾取螺纹终点"，输入"－20，15"后按回车键，系统弹

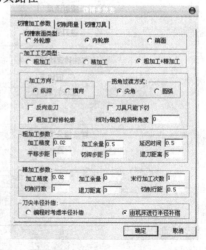

图 8-55　切槽加工参数设置

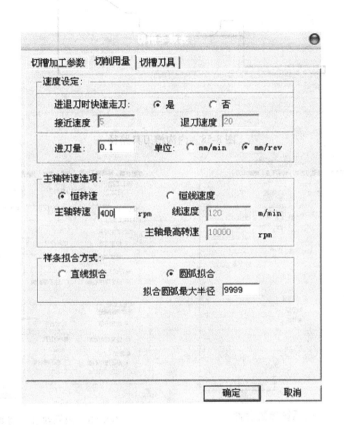

图 8-56　切削用量参数设置

出【螺纹参数表】对话框，单击【螺纹参数】选项卡，设置的参数如图 8-59 所示；单击【螺纹加工参数】选项卡，设置的参数如图 8-60 所示；单击【进退刀方式】选项卡，设置的参数如图 8-61 所示；单击【切削用量】选项卡，设置的参数如图 8-62 所示；单击【螺纹车刀】选项卡，设置的参数如图 8-63 所示，设置完成后单击【确定】按钮。状态栏中提示"输入进退到点"，输入"5，20"后按回车键，生成如图 8-64 所示的刀具路径。

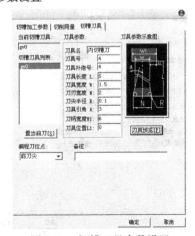

图 8-57　切槽刀具参数设置

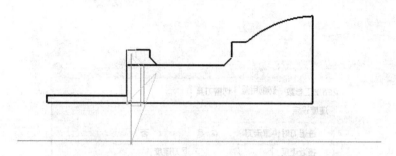

图 8-58　内沟槽刀具路径

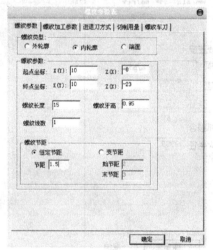

图 8-59　内螺纹参数设置

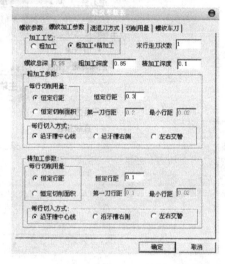

图 8-60　内螺纹加工参数设置

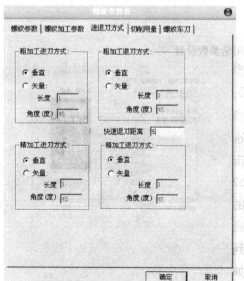

图 8-61　内螺纹进退刀方式参数设置

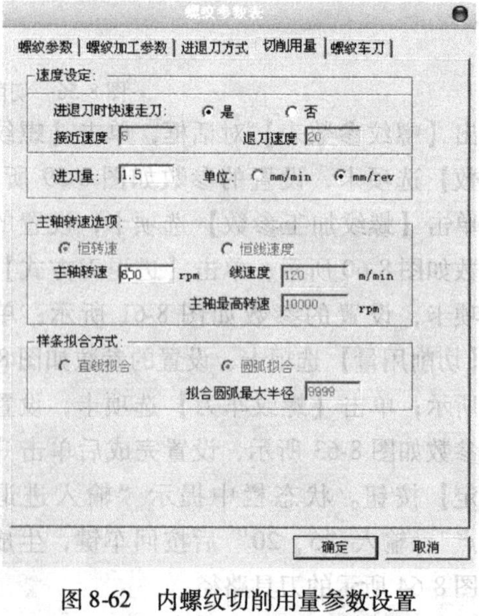

图 8-62　内螺纹切削用量参数设置

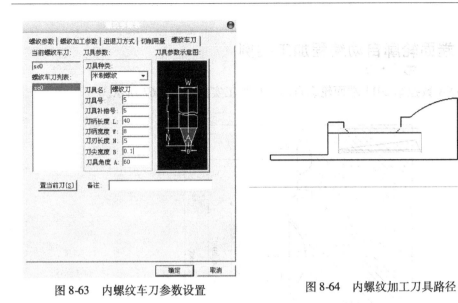

图 8-63　内螺纹车刀参数设置

图 8-64　内螺纹加工刀具路径

8.2.4　生成内轮廓 NC 代码

生成内轮廓 NC 代码的方法与生成外轮廓 NC 代码的方法一样。按照图 8-65 所示的轨迹，依次选择钻孔轨迹、右端端面轮廓轨迹、内轮廓粗车轨迹和内轮廓精车轨迹，单击鼠标右键确定，生成如图 8-66 所示的加工程序。

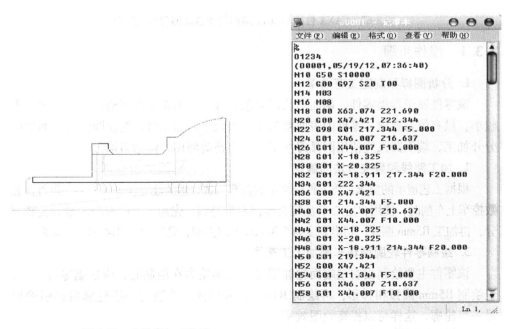

图 8-65　内轮廓加工轨迹

图 8-66　内轮廓加工程序

8.3 端面轮廓自动编程加工实例

CAXA 数控车 2011 端面轮廓自动编程加工实例如图 8-67 所示。

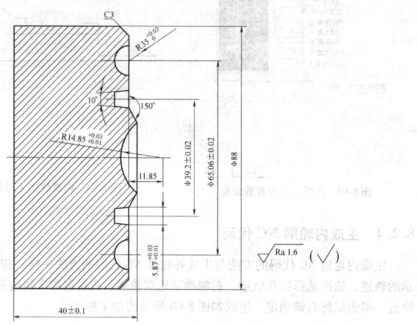

图 8-67　CAXA 数控车 2011 端面轮廓自动编程加工实例

8.3.1 操作步骤

1. 分析图样和制定工艺清单

该零件属于盘类零件，端面形状较复杂，有端面圆弧和端面槽，尺寸公差要求较小，没有位置要求，零件的表面粗糙度要求较严。加工时，端面圆弧与端面槽应分开加工，端面圆弧应使用圆弧刀加工，端面槽应使用外沟槽刀加工。

2. 加工路线和装夹方法的确定

根据工艺清单的要求，该零件全部由数控车完成，但要注意保证尺寸的一致性。在数控车上车削时，使用自定心卡盘装夹零件左端外圆，先加工零件右端的端面轮廓部分，再加工 R5mm 圆弧，切出宽度为 5.87mm 的端面槽，最后加工 R14.85mm 圆弧。

3. 绘制零件轮廓循环车削加工工艺图

该零件主要绘制出右端端面轮廓即可。右端轮廓在绘制时，应根据零件尺寸，先绘制 R5mm 圆弧和梯形，再绘制 R18.85mm 圆弧，绘制完一半轮廓后再镜像出另一半轮廓，这样可以提高绘图效率。

4. 编制加工程序

　　根据零件的工艺清单、加工工艺图和实际加工情况，使用 CAXA 数控车 2011 软件的 CAM 部分完成零件的端面轮廓加工、端面槽、端面凹圆弧等刀具轨迹，实现仿真加工，合理设置机床的参数，生成加工程序代码。

　　下面我们一起来完成绘制零件端面轮廓循环车削加工工艺图、编制加工程序、仿真、生成 G 代码等软件操作。

8.3.2　零件加工建模

　　零件加工造型的方法有很多，我们应该根据零件形状使用最快捷的绘图方法，将零件加工造型绘制出来。如图 8-67 所示，我们可以用 CAXA 数控车软件针对轴/孔类零件设计的特殊功能绘制外形，用直线、圆弧绘制端面轮廓。零件加工造型的方法及步骤如下。

1. 绘制零件外形直线轮廓

　　1）在菜单栏中选择【绘图】→【孔/轴】命令，或者单击【绘图工具】工具栏中的⊕按钮，在弹出的立即菜单中选择【轴】和【直接给出角度】选项，【中心线角度】设置为"0"，状态栏中提示"插入点"，输入"0, 0"后单击【确定】按钮。

　　2）绘制 φ88mm 外圆。在立即菜单中设置【起始直径】为"88"，【终止直径】为"88"，然后输入长度"40"，单击【确定】按钮，即可绘制出 φ88mm 外圆。

2. 绘制零件端面轮廓

　　(1) 绘制 R5mm 圆弧

　　1）作一条辅助线，确定 R5mm 圆心。在菜单栏中选择【绘图】→【平行线】命令，或者单击【绘图工具】工具栏中的 ∥按钮，状态栏中提示拾取直线，选择中心线。在立即菜单中选择【偏移方式】和【单向】选项，状态栏中提示输入距离，输入"32.53"后，单击【确定】按钮，即可绘制出一条辅助线。该线与 φ88mm 外圆右端面交点即为 R5mm 圆弧的圆心。

　　2）绘制 R5mm 端面槽圆弧。在菜单栏中选择【绘图】→【圆】命令，或者单击【绘图工具】工具栏中的⊕按钮，在弹出的立即菜单中选择【圆心-半径】、【半径】和【无中心线】选项，状态栏中提示圆心点应在绘图区，捕捉 φ88mm 外圆右端面与辅助线的交点，单击【确定】按钮，输入半径"5"后单击【确定】按钮，即可绘制出 R5mm 圆弧，如图 8-68 所示。

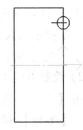

图 8-68　绘制 R5mm 端面槽圆弧轮廓

　　(2) 绘制端面槽

　　1）作一条辅助线，确定端面槽的中心线。在菜单栏中选择【绘图】→【平行线】命令，或者单击【绘图工具】工具栏中的 ∥按钮，状态栏中提示拾取直线，选择中心线，在立即菜单中选择【偏移方式】和【单向】选项，向上移动光标，状态栏中提示输入距离，输入"19.6"后单击【确定】按钮，即可绘制出一条辅助线，该线即为端面槽的中心线。

2) 作一条辅助线，确定端面槽的起点。在菜单栏中选择【绘图】→【平行线】命令，或者单击【绘图工具】工具栏中的 ∥ 按钮，状态栏中提示拾取直线，选择端面槽中心线，在立即菜单中选择【偏移方式】和【单向】选项，状态栏中提示输入距离，输入 "2.935" 后单击【确定】按钮，即可绘制出一条辅助线，该线与 φ88mm 外圆右端面交点即为端面槽的起点。

3) 绘制端面槽的上边。在菜单栏中选择【绘图】→【直线】命令，或者单击【绘图工具】工具栏中的 ╱ 按钮，在弹出的立即菜单中选择【角度线】、【X 轴夹角】和【到点】选项，【度】设置为 "5°"，状态栏中提示第一点应在绘图区，捕捉 φ88mm 外圆右端面与端面槽辅助线的交点，单击【确定】按钮，输入长度 "5" 后单击【确定】按钮，即可绘制出端面槽的上边。

4) 绘制端面槽的另一边。在菜单栏中选择【修改】→【镜像】命令，或者单击【绘图工具】工具栏中的 ⚏ 按钮，在弹出的立即菜单中选择【选择轴线】和【拷贝】选项，状态栏中提示拾取添加应在绘图区，拾取端面槽的上边，单击鼠标右键确定；状态栏中提示拾取轴线，拾取绘图区端面槽的中心线，单击鼠标右键确定，即可绘制出端面槽的另一边。

5) 在菜单栏中选择【绘图】→【直线】命令，或者单击【绘图工具】工具栏中的 ╱ 按钮，在弹出的立即菜单中选择【两点线】、【连续】、【正交】和【点方式】选项，状态栏中提示第一点应在绘图区，捕捉端面槽上边的左端端点，单击【确定】按钮；状态栏中提示第二点应在绘图区，捕捉端面槽另一边的左端端点，单击【确定】按钮，即可绘制出端面槽槽底，如图 8-69 所示。

(3) 绘制 R14.85mm 圆弧

1) 作一条辅助线，确定 R14.85mm 圆弧的圆心。在菜单栏中选择【绘图】→【平行线】命令，或者单击【绘图工具】工具栏中的 ∥ 按钮，状态栏中提示拾取直线，选择 φ88mm 外圆右端面，在立即菜单中选择【偏移方式】和【单向】选项，状态栏中提示输入距离，输入 "11.85" 后单击【确定】按钮，即可绘制出一条辅助线，该线与 φ88mm 外圆中心线交点即为 R14.85mm 圆弧的圆心。

2) 绘制 R14.85mm 端面凹圆弧。在菜单栏中选择【绘图】→【圆】命令，或者单击【绘图工具】工具栏中的 ⊕ 按钮，在弹出的立即菜单中选择【圆心_半径】、【半径】和【无中心线】选项，状态栏中提示圆心点应在绘图区，捕捉 φ88mm 外圆中心线与辅助线的交点，单击【确定】按钮，输入半径 "14.85" 后单击【确定】按钮，即可绘制出 R14.85mm 圆弧，如图 8-70 所示。

3) 在菜单栏中选择【绘图】→【直线】命令，或者单击【绘图工具】工具栏中的 ╱ 按钮，在弹出的立即菜单中选择【角度线】、【Y 轴夹角】和【到线上】选项，【度】设置为 "-150°"，状态栏中提示第一点应在绘图区，捕捉端面槽下边与 φ88mm 外圆右端面的交点，单击【确定】按钮，状态栏中提示第二点应在绘图区，捕捉圆弧 R14.85mm，单击【确定】按钮，即可绘制出 150°的锥线。

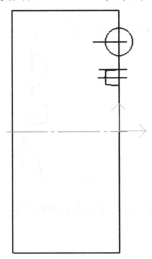

图 8-69　绘制端面槽轮廓

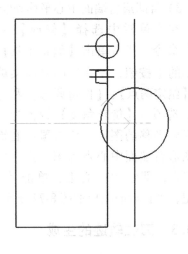

图8-70　绘制 R14.85 端面槽轮廓

4）在菜单栏中选择【绘图】→【直线】命令，或者单击【绘图工具】工具栏中的 ╱ 按钮，在弹出的立即菜单中选择【两点线】、【连续】、【正交】和【点方式】选项，状态栏中提示第一点应在绘图区，捕捉锥度线与圆弧 R14.85mm 的交点，单击【确定】按钮；状态栏中提示第二点应在绘图区，捕捉 φ88mm 外圆的中心线，单击【确定】按钮，即可绘制出圆弧 R14.85mm 的右端面，如图 8-71 所示。

（4）曲线修整

1）曲线裁剪和删除。

在菜单栏中选择【修改】→【裁剪】和【删除】命令，或者单击【编辑工具】工具栏中的 ╳ 和 ╱ 按钮，在弹出的立即

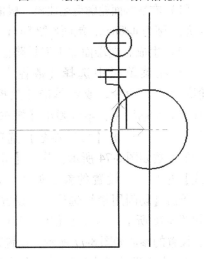

图 8-71　绘制圆弧 R14.85mm
端面槽右端轮廓

菜单中选择【快速裁剪】选项，状态栏中提示拾取要裁剪的曲线，用鼠标直接拾取被裁剪的线段即可直接删除没用的线段，拾取完毕后单击鼠标右键确定。

2）作 C3 的倒角。

在菜单栏中选择【修改】→【过渡】命令，或者单击【编辑工具】工具栏中的 ╱ 按钮，在弹出的立即菜单中选择【倒角】和【裁剪】选项，并将【长度】设置为 "3"，【角度】设置为 "45°"，状态栏中提示拾取第一条直线，用鼠标依次拾

取倒角相邻两边的直线，倒角完成。

3）将图形右端面中心平移到绘图中心上。

在菜单栏中选择【修改】→【平移】命令，或者单击【编辑工具】工具栏中的➕按钮，在弹出的立即菜单中选择【给定两点】、【保持原态】和【非正交】选项，【旋转角度】设置为"0°"，选择要平移的图形，单击鼠标右键，拾取图形右端面中心点为第一点，平移到第二点，即绘图中心上，单击【确定】按钮，平移后的图形如图 8-72 所示。

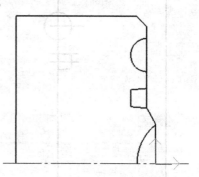

图 8-72　修整后的端面轮廓

8.3.3　刀位轨迹的生成

1. 右端端面轮廓轨迹生成

（1）右端端面轮廓毛坯建模　根据零件的加工要求，设置零件毛坯尺寸。毛坯尺寸左端外圆为 φ88mm，端面预留 5mm，设置后的右端端面毛坯如图 8-73 所示。

（2）生成右端端面加工刀具路径

1）在菜单栏中选择【数控车】→【轮廓粗车】命令，或者单击【数控车】工具栏中的━按钮，系统弹出【粗车参数表】对话框，单击【加工参数】选项卡，设置的参数如图 8-74 所示；单击【进退刀方式】选项卡，设置的参数如图 8-75 所示；单击【切削用量】选项卡，设置的参数如图 8-76 所示；单击【轮廓车刀】选项

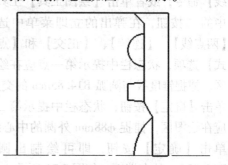

图 8-73　毛坯轮廓

卡，设置的参数如图 8-77 所示，设置完成后单击【确定】按钮。

2）在立即菜单中选择【单个拾取】选项，状态栏中提示"拾取被加工表面轮廓"。当拾取第一条轮廓线后，此轮廓线变成红色的虚线，系统提示"选择方向"，依次拾取加工表面轮廓线并单击鼠标右键确定；状态栏中提示"拾取定义的毛坯轮廓"，顺序拾取毛坯的轮廓线并单击鼠标右键确定；状态栏中提示"输入进退到点"，输入"5，95"后按回车键，生成如图 8-78 所示的刀具路径。

（3）生成右端端面 R5mm 圆弧刀具路径

1）在菜单栏中选择【数控车】→【切槽】命令，或者单击【数控车】工具栏中的按钮，系统弹出【粗车参数表】对话框，单击【切槽加工参数】选项卡，设置的参数如图 8-79 所示；单击【切削用量】选项卡，设置的参数如图 8-80 所示；单击【切槽刀具】选项卡，设置的参数如图 8-81 所示，设置完成后单击【确定】按钮。

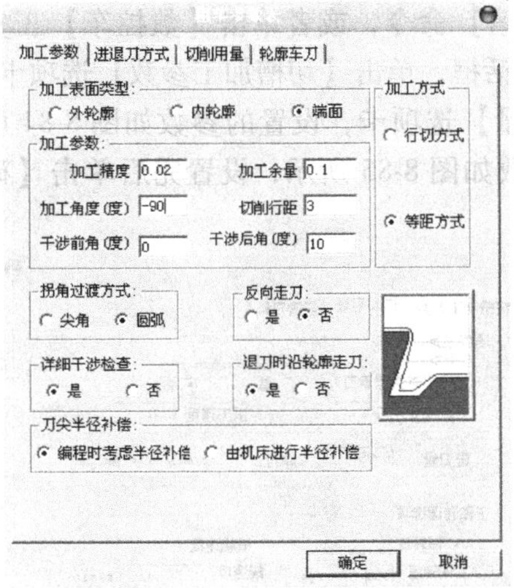

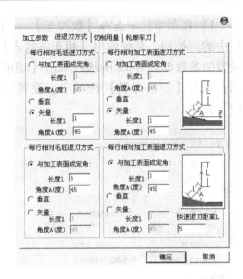

图 8-74　右端面加工参数设置

图 8-75　右端面进退刀方式参数设置

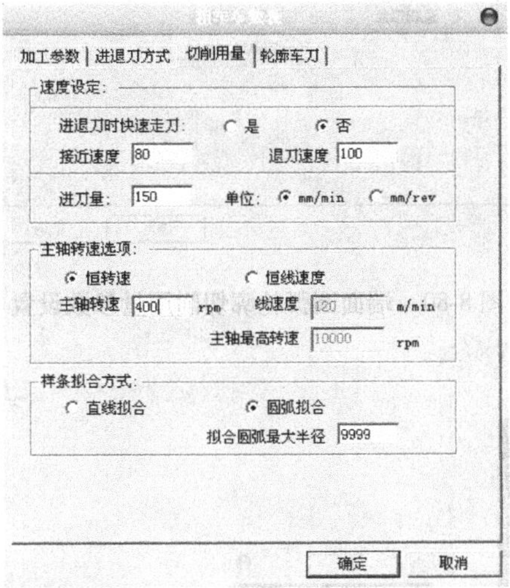

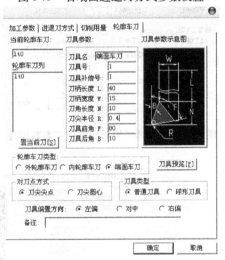

图 8-76　右端面切削用量参数设置

图 8-77　右端面轮廓车刀参数设置

2）在立即菜单中选择【单个拾取】选项，状态栏中提示"拾取被加工表面轮廓"，依次拾取加工表面轮廓线并单击鼠标右键确定；状态栏中提示"输入进退到点"，输入"5，65"后按回车键，生成如图 8-82 所示的刀具路径。

（4）生成右端端面槽加工刀具路径

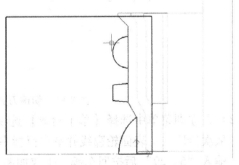

图 8-78　右端面刀具路径

1）在菜单栏中选择【数控车】→【切槽】命令，或者单击【数控车】工具栏中的👆按钮，系统弹出【粗车参数表】对话框，单击【切槽加工参数】选项卡，设置的参数如图 8-83 所示；单击【切削用量】选项卡，设置的参数如图 8-84 所示；单击【切槽刀具】选项卡，设置的参数如图 8-85 所示，设置完后单击【确定】按钮。

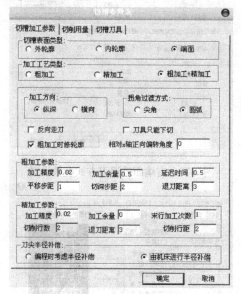

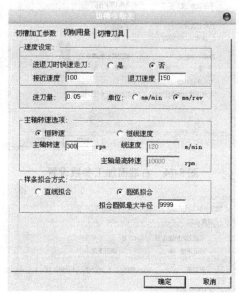

图 8-79　端面圆弧轮廓切槽加工参数设置　　　　图 8-80　端面圆弧轮廓切削用量参数设置

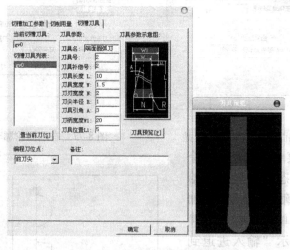

图 8-81　切槽刀具参数设置

2）在立即菜单中选择【单个拾取】选项，状态栏中提示"拾取被加工表面轮廓"，依次拾取加工表面轮廓线并单击鼠标右键确定；状态栏中提示"输入进退到点"，输入"5，29"后按回车键，生成如图 8-86 所示的刀具路径。

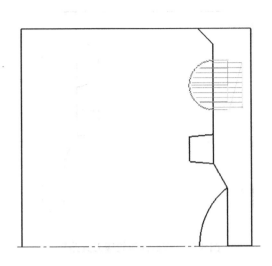

图 8-82　R5 端面圆弧刀具路径

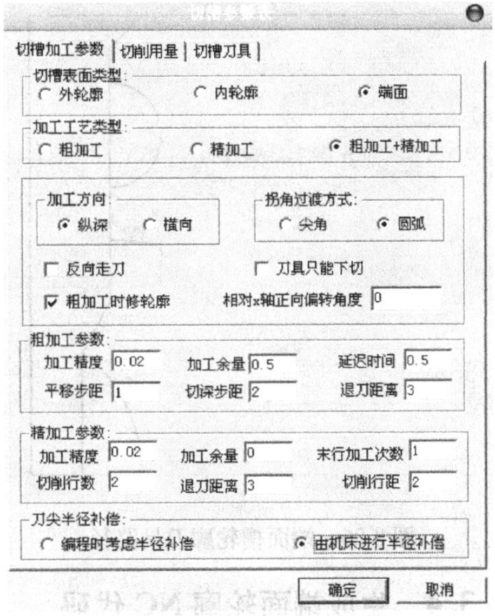

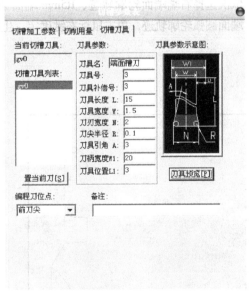

图 8-83　端面槽轮廓加工参数设置

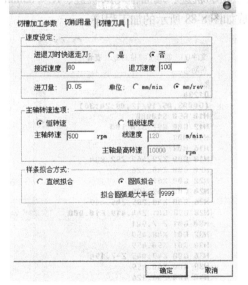

图 8-84　端面槽轮廓切削用量参数设置

图 8-85　端面槽轮廓切槽刀具参数设置

（5）生成右端端面圆弧 R14.85mm 刀具路径　生成右端端面圆弧 R14.85mm 刀具路径可参照生成右端端面 R5mm 圆弧刀具路径的方法，这里就不再详细介绍。生成的端面圆弧 R14.85mm 刀具路径如图 8-87 所示。

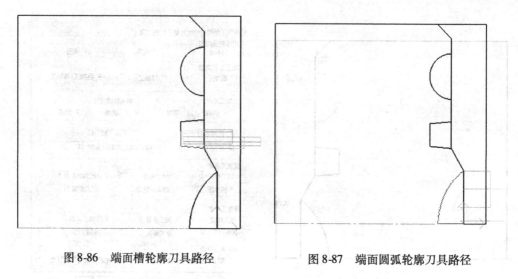

图 8-86　端面槽轮廓刀具路径　　　　　　图 8-87　端面圆弧轮廓刀具路径

8.3.4　生成端面轮廓 NC 代码

　　生成端面 NC 代码与生成外轮廓 NC 代码的方法一样。按照如图 8-87 所示的轨迹，依次选择右端端面轮廓轨迹、R5mm 端面圆弧轮廓轨迹、端面槽轮廓轨迹、R14.85mm端面圆弧轮廓轨迹，单击鼠标右键确定，生成如图 8-88 所示的加工程序。

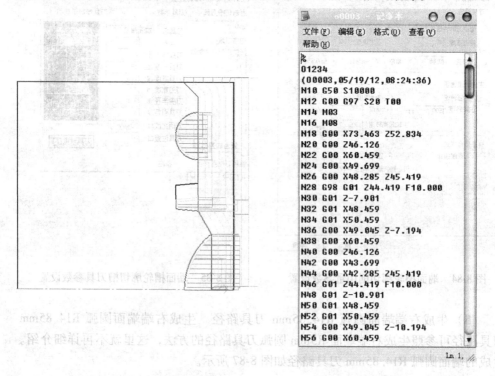

图 8-88　端面轮廓加工轨迹　　　　　　　图 8-89　端面轮廓加工程序

8.4　综合零件自动编程加工实例

CAXA 数控车 2011 综合零件自动编程加工实例如图 8-90 所示。

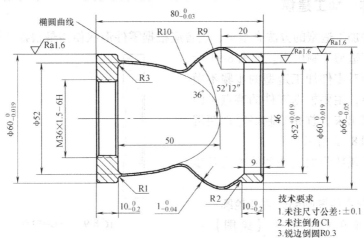

图 8-90　CAXA 数控车 2011 综合零件自动编程加工实例

8.4.1　操作步骤

1. 分析图样和制定工艺清单

该零件属于薄壁类零件，内外轮廓结构比较复杂，有椭圆线轮廓，尺寸公差要求较小，零件的表面粗糙度要求较严。加工时应注意，由于薄壁零件容易变形，选择切削用量时一定要小一些。先粗车内外轮廓，然后精车内轮廓，再精车外轮廓，以防止热变形。

2. 加工路线和装夹方法的确定

根据工艺清单的要求，该零件全部由数控车完成，并要注意保证尺寸的一致性。在数控车上车削时，使用自定心卡盘装夹零件外圆，先钻 φ30mm 内孔，粗加工零件的内轮廓部分和外轮廓部分，再加工 M36×1.5mm 的细牙三角内螺纹，接着精加工零件的内轮廓部分和外轮廓部分，最后保证总长有适当余量切断工件。切断后装夹 φ60mm 的外圆，手动平端面保证零件总长。

3. 绘制零件内外轮廓循环车削加工工艺图

该零件内外轮廓较复杂，应根据零件已知尺寸先绘制出左右两端轮廓，再绘制出椭圆轮廓，最后根据图形的相关关系绘制出相切的圆弧。绘图时，将坐标系原点选在零件的右端面和中心轴线的交点上，这样生成加工程序的坐标值都是相对于坐标系原点的值。

4. 编制加工程序

根据零件的工艺清单、加工工艺图和实际加工情况，使用 CAXA 数控车 2011 软件的 CAM 部分完成零件的内外轮廓粗精加工、车削内螺纹、凸凹圆弧加工等刀具轨迹，实现仿真加工，合理设置机床的参数，生成加工程序代码。

8.4.2　零件加工建模

该零件加工造型的方法有很多，读者应根据零件形状使用最快捷的绘图方法，将零件加工造型绘制出来。如图 8-91 所示，该实例对零件加工造型的步骤不做详细的介绍，主要根据零件的特点把圆弧部分绘制出来。首先绘制好零件两端轮廓，如图 8-92 所示。

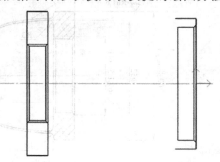

图 8-91　两端轮廓

零件圆弧部分加工造型的方法及步骤如下。

1. 绘制零件椭圆部分内外轮廓

1）在菜单栏中选择【绘图】→

【椭圆】命令，或者单击【绘图工具】工具栏中的 ⊙ 按钮，在弹出的立即菜单中选择【给定长半轴】选项，并设置【长半轴】为"50"，【短半轴】为"26"，【旋转角】和【起始角】均为"0"，【终止角】为"360°"，状态栏中提示基准点应在绘图区，捕捉 ϕ60mm 轴线与 M36 内螺纹右端面交点，然后单击【确定】按钮。

2）使用同样的方法绘制同一基准点长半轴为 51mm、短半轴为 27mm 的椭圆，如图 8-92 所示。

2. 绘制零件 R9mm 圆弧内外轮廓

1）绘制两条辅助线，以找出圆弧的中心点。在菜单栏中选择【绘图】→【平行线】命令，

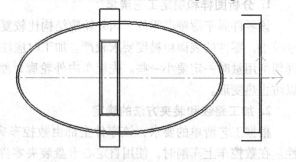

图 8-92　椭圆内外轮廓

或者单击【绘图工具】工具栏中的 ∥ 按钮，状态栏中提示拾取直线，选择 ϕ60 外圆轴线，在立即菜单中选择【偏移方式】和【单向】选项，状态栏中提示输入距离，输入"23"，单击【确定】按钮即可绘制出一条辅助线；在菜单栏中选择【绘图】→【平行线】命令，或者单击【绘图】工具中的 ∥ 按钮，状态栏中提示拾取直线，选择 ϕ60mm 外圆右端面，在立即菜单中选择【偏移方式】和【单向】选项，状态栏中提示输入距离，输入"20"，单击【确定】按钮即可绘制出第二条辅助线。修剪和删除后的图形如图 8-93 所示。

2）绘制 R9mm 圆弧内外轮廓。在菜单栏中选择【绘图】→【圆】命令，或

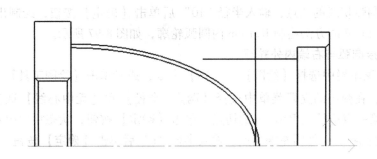

图 8-93　圆弧中心点

者单击【绘图工具】工具栏中的⊕按钮，在弹出的立即菜单中选择【圆心_半径】、【半径】和【无中心线】选项，状态栏中提示圆心点应在绘图区，捕捉两条辅助线的交点，单击【确定】按钮，输入半径"9"后单击【确定】按钮，绘制出 R9mm 圆弧；输入半径"10"后单击【确定】按钮，绘制 R10mm 圆弧，如图 8-94 所示。

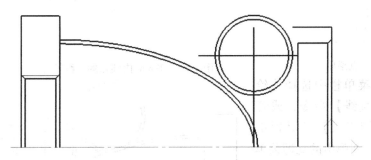

图 8-94　内外圆弧轮廓

3. 绘制零件 R9mm 内圆弧的切线

在菜单栏中选择【绘图】→【直线】命令，或者单击【绘图工具】工具栏中的／按钮，在弹出的立即菜单中选择【角度线】、【X 轴夹角】和【到点】选项，【度】设置为"36"，【分】设置为"52"【秒】设置为"12"，状态栏中提示第一点应在绘图区，捕捉 R9mm 内圆弧的切点（按下空格键弹出工具点菜单，选择【切点】命令，如图 8-95 所示。单击 R9mm 内圆弧，自动捕捉 R9mm 圆弧的切点），单击【确定】按钮，输入长度"15"后单击【确定】按钮。用同样的方法绘制 R10mm 外圆弧的切线，如图 8-96 所示。

4. 绘制零件 R10mm 凹外圆弧轮廓

在菜单栏中选择【绘图】→【圆】命令，或者单击【绘图工具】工具栏中的⊕按钮，在弹出的立即菜单中选择【两点_半径】和【无中心线】选项，状态栏中提示第一点应捕捉椭圆的切点，单击【确定】按钮；状态栏中提示第二点应捕捉 R9mm 圆弧切线的切点，输入半径 "10" 后单击【确定】按钮，绘制出 R10mm 圆弧。使用同样的方法绘制 R11mm 内圆弧轮廓，如图 8-97 所示。

5. 连接圆弧与右端内外轮廓

1）在菜单栏中选择【绘图】→【圆】命令，或者单击【绘图工具】工具栏中的⊙按钮，在弹出的立即菜单中选择【两点_半径】和【无中心线】选项，状态栏中提示第一点应捕捉 R10mm 的切点，单击【确定】按钮；状态栏中提示第二点应捕捉右端 φ60mm 外圆左端端点，输入半径 "1" 后单击【确定】按钮。

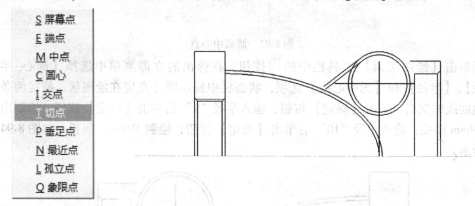

图 8-95　工具点菜单

图 8-96　R9mm 内圆弧的切线轮廓

2）在菜单栏中选择【绘图】→【直线】命令，或者单击【绘图工具】工具栏中的╱按钮，在弹出的立即菜单中选择【两点线】、【连续】和【非正交】选项，状态栏中提示第一点应为 R9mm 圆弧切点，单击【确定】按钮；

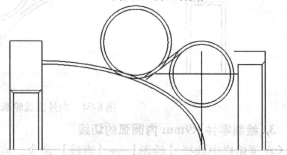

图 8-97　R10mm 凹外圆弧轮廓

状态栏中提示第二点应捕捉右端内孔 φ52mm 左端端点，单击【确定】按钮，生成如图 8-98 所示的图形。

6. 倒圆角和曲线修剪

1）在菜单栏中选择【修改】→【过渡】命令，或者单击【编辑工具】工具栏中的╭按钮，在弹出的立即菜单中选择【圆角】和【裁剪】选项，【半径】设置为 "1"，状态栏中提示拾取第一条曲线 "椭圆线"，然后拾取第二条曲线 "和椭圆线相交的垂直线"，

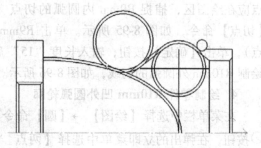

图 8-98　连接圆弧与右端内外轮廓

拾取完毕后生成 R1mm 圆弧。按照上述操作步骤绘制 R3mm 圆弧。

2）在菜单栏中选择【修改】→【裁剪】和【删除】命令，或单击【编辑】工具栏中的 ✂ 和 ✐ 按钮，在弹出的立即菜单中选择【快速裁剪】选项，状态栏中提示拾取要裁剪的曲线，用鼠标直接拾取被裁剪的线段，即可直接删除没用的线段。拾取完毕后，单击鼠标右键确定，倒圆角和修剪后的轮廓如图 8-99 所示。

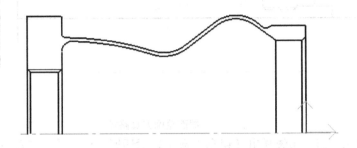

图 8-99　倒圆角和修剪后的轮廓

8.4.3　刀位轨迹的生成

1. 右端端面轮廓轨迹生成

（1）右端端面轮廓毛坯建模　根据零件的加工要求，设置零件毛坯尺寸。零件设置的毛坯尺寸外圆为 φ70mm，内孔为 φ30mm，端面预留 5mm，总长为 100mm。设置后的零件毛坯轮廓如图 8-100 所示。

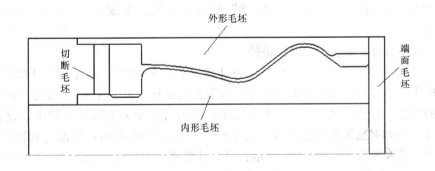

图 8-100　毛坯轮廓

（2）生成右端端面加工刀具路径　右端端面加工刀具路径的加工方法和参数设置与 8.1.3 节中介绍的外轮廓加工的设置方法一样，这里就不再详细介绍。生成的刀具路径如图 8-101 所示。

（3）生成内轮廓粗加工刀具路径

1）在菜单栏中选择【数控车】→【轮廓粗车】命令，或者单击【数控车】

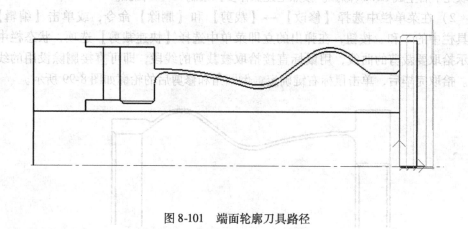

图 8-101　端面轮廓刀具路径

工具栏中的▇按钮，系统弹出【粗车参数表】对话框，单击【加工参数】选项卡，设置的参数（行切方式）如图 8-102 所示；单击【进退刀方式】选项卡，设置的参数（每行相对加工表面进退刀方式为 90°）如图 8-103 所示；单击【切削用量】选项卡，设置的参数如图 8-104 所示；单击【轮廓车刀】选项卡，设置的参数如图 8-105 所示，设置完成后单击【确定】按钮。

2）在立即菜单中选择【单个拾取】选项，状态栏中提示"拾取被加工表面轮廓"，当拾取第一条轮廓线后，此轮廓线变成红色的虚线，系统提示"选择方向"，依次拾取加工表面轮廓线并单击鼠标右键确定；状态栏中提示"拾取定义的毛坯轮廓"，顺序拾取毛坯的轮廓线并单击鼠标右键确定；状态栏中提示"输入进退到点"，输入"5，8"后按回车键，生成如图 8-106 所示的刀具路径。

（4）生成外轮廓粗加工刀具路径

1）在菜单栏中选择【数控车】→【轮廓粗车】命令，或者单击【数控车】工具栏中的▇按钮，系统弹出【粗车参数表】对话框，单击【加工参数】选项卡，设置的参数（行切方式）如图 8-107 所示；单击【进退刀方式】选项卡，设置的参数（每行相对加工表面进退刀方式为 90°）如图 8-108 所示；单击【切削用量】选项卡，设置的参数如图 8-109 所示；单击【轮廓车刀】选项卡，设置的参数如图 8-110 所示，设置完成后单击【确定】按钮。

2）在立即菜单中选择【单个拾取】选项，状态栏中提示"拾取被加工表面轮廓"，当拾取第一条轮廓线后，此轮廓线变成红色的虚线，系统提示"选择方向"，依次拾取加工表面轮廓线并单击鼠标右键确定；状态栏中提示"拾取定义的毛坯轮廓"，顺序拾取毛坯的轮廓线并单击鼠标右键确定；状态栏中提示"输入进退到点"，输入"5，45"后按回车键，生成如图 8-111 所示的刀具路径。

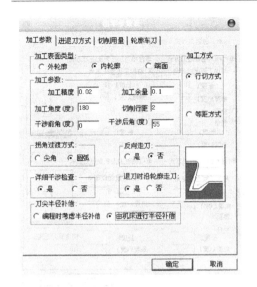

图 8-102　内轮廓粗车加工参数设置

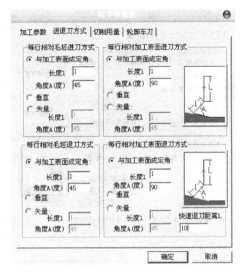

图 8-103　内轮廓粗车进退刀方式参数设置

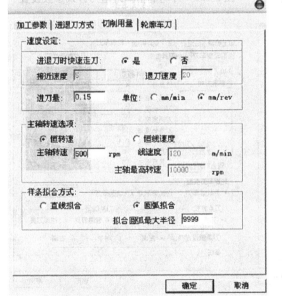

图 8-104　内轮廓粗车切削用量参数设置

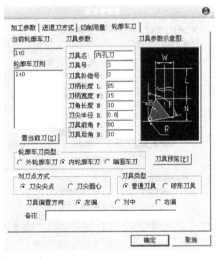

图 8-105　内轮廓粗车轮廓车刀参数设置

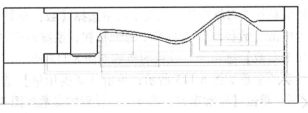

图 8-106　内轮廓粗加工刀具路径

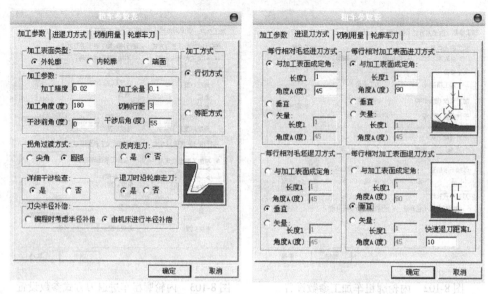

图 8-107　外轮廓粗车加工参数设置　　　　图 8-108　外轮廓粗车进退刀方式参数设置

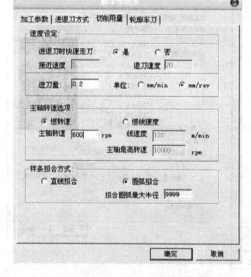

图 8-109　外轮廓粗车切削用量参数设置　　　图 8-110　外轮廓粗车轮廓车刀参数设置

（5）生成内轮廓精加工刀具路径　在菜单栏中选择【数控车】→【内孔轮廓精车】命令，或者单击【数控车】工具栏中的 按钮，系统弹出【精车参数表】对话框，单击【加工参数】选项卡，设置的参数如图 8-112 所示；单击【进退刀方式】选项卡，设置的参数如图 8-113 所示；单击【切削用量】选项卡，设置的参数如图 8-114 所示；单击【轮廓车刀】选项卡，设置的参数如图 8-115 所示，设置完成后单击【确定】按钮。

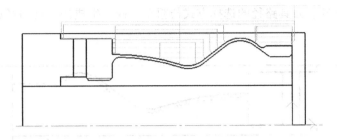

图 8-111 外轮廓粗加工刀具路径

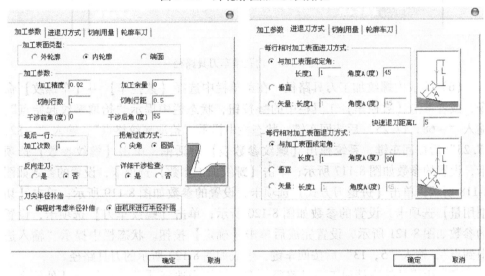

图 8-112 内孔精车加工参数设置

图 8-113 内孔精车进退刀方式参数设置

图 8-114 内孔精车切削用量参数设置

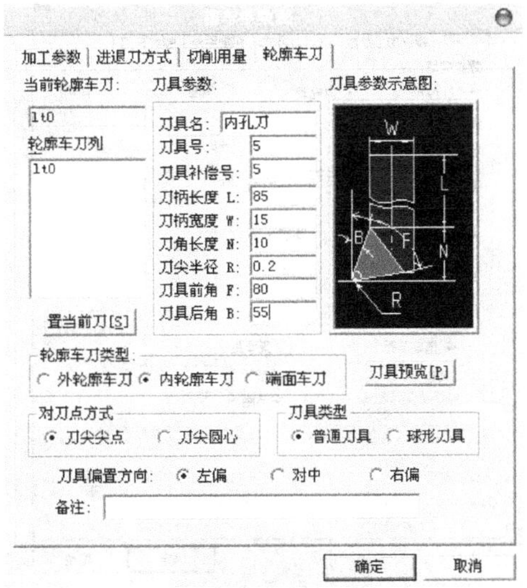

图 8-115 内孔精车轮廓车刀参数设置

内孔精车轮廓刀具路径的选择方式与粗车一样，生成的刀具路径如图 8-116 所示。

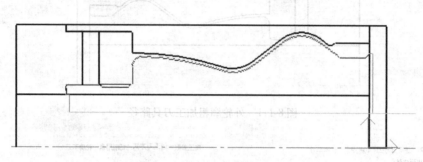

图 8-116 内孔精车刀具路径

（6）生成内螺纹加工刀具路径 在菜单栏中选择【数控车】→【车螺纹】命令，或者单击【数控车】工具栏中的 按钮，状态栏中提示"拾取螺纹起始点"，输入"-68，17.25"后按回车键，状态栏中提示"拾取螺纹终点"，输入"-82，17.25"后按回车键，系统弹出【螺纹参数表】对话框，单击【螺纹参数】选项卡，设置的参数如图 8-117 所示；单击【螺纹加工参数】选项卡，设置的参数如图 8-118 所示；单击【进退刀方式】选项卡，设置的参数如图 8-119 所示；单击【切削用量】选项卡，设置的参数如图 8-120 所示；单击【螺纹车刀】选项卡，设置的参数如图 8-121 所示，设置完成后单击【确定】按钮。状态栏中提示"输入进退到点"，输入"5，13"后按回车键，生成如图 8-122 所示的刀具路径。

（7）生成外轮廓精加工刀具路径 在菜单栏中选择【数控车】→【外轮廓精

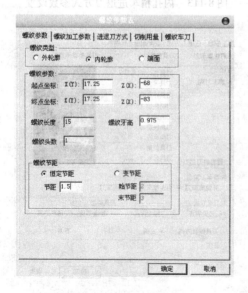

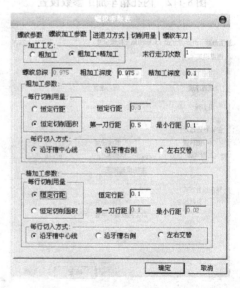

图 8-117 内螺纹参数设置   图 8-118 内螺纹加工参数设置

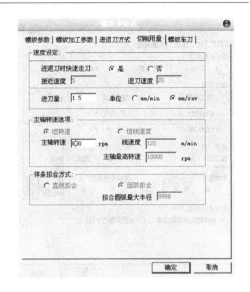

图 8-119　内螺纹进退刀方式参数设置　　　　图 8-120　内螺纹切削用量参数设置

车】命令，或者单击【数控车】工具栏中的 按钮，系统弹出【精车参数表】对话框。单击【加工参数】选项卡，设置的参数如图 8-123 所示；单击【进退刀方式】选项卡，设置的参数如图 8-124 所示；单击【切削用量】选项卡，设置的参数如图 8-125 所示；单击【轮廓车刀】选项卡，设置的参数如图 8-126 所示，设置完成后单击【确定】按钮。

外圆精车轮廓刀具路径的选择方式与粗车一样，生成的刀具路径如图 8-127 所示。

（8）生成切断加工刀具路径　切断刀具路径的加工方法和参数设置与切断外沟槽加工的设置方法一样，这里就不再详细介绍。生成的刀具路径如图 8-128 所示。

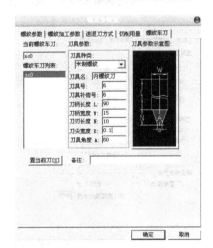

图 8-121　内螺纹车刀参数设置

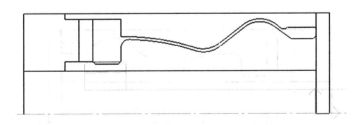

图 8-122　内螺纹加工刀具路径

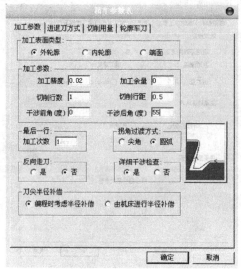

图 8-123　外轮廓精车加工参数设置

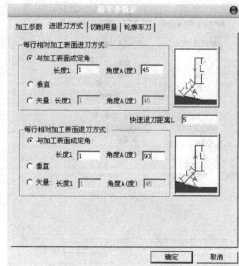

图 8-124　外轮廓精车进退刀方式参数设置

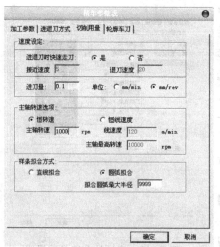

图 8-125　外轮廓精车切削用量参数设置

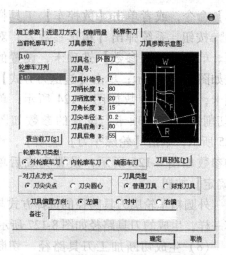

图 8-126　外轮廓精车轮廓车刀参数设置

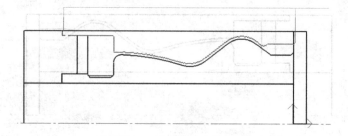

图 8-127　外轮廓精车刀具路径

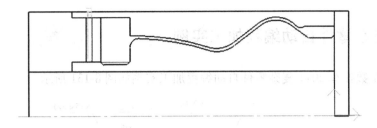

图 8-128　切断加工刀具路径

8.4.4　生成综合零件的 NC 代码

按照如图 8-129 所示的轨迹，依次选择右端端面轮廓轨迹、内孔粗加工轮廓轨迹、外圆粗加工轮廓轨迹、内孔精加工轮廓轨迹、螺纹加工轮廓轨迹和外圆精加工轮廓轨迹，单击鼠标右键确定，生成如图 8-130 所示的加工程序。

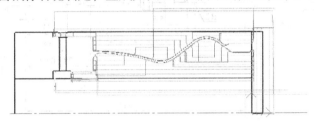

图 8-129　综合零件的加工轨迹

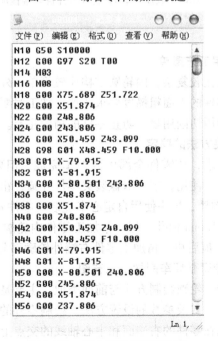

```
文件(F)  编辑(E)  格式(O)  查看(V)  帮助(H)

N10 G50 S10000
N12 G00 G97 S20 T00
N14 M03
N16 M08
N18 G00 X75.689 Z51.722
N20 G00 X51.874
N22 G00 Z48.806
N24 G00 Z43.806
N26 G00 X50.459 Z43.099
N28 G98 G01 X48.459 F10.000
N30 G01 X-79.915
N32 G01 X-81.915
N34 G00 X-80.501 Z43.806
N36 G00 Z48.806
N38 G00 X51.874
N40 G00 Z40.806
N42 G00 X50.459 Z40.099
N44 G01 X48.459 F10.000
N46 G01 X-79.915
N48 G01 X-81.915
N50 G00 X-80.501 Z40.806
N52 G00 Z45.806
N54 G00 X51.874
N56 G00 Z37.806
                              Ln 1,
```

图 8-130　综合零件的加工程序

8.5   复杂零件自动编程加工实例

CAXA 数控车 2011 复杂零件自动编程加工实例如图 8-131 所示。

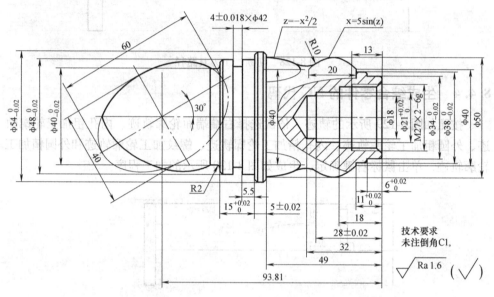

图 8-131   CAXA 数控车 2011 复杂零件自动编程加工实例

8.5.1   操作步骤

1. 分析图样和制定工艺清单

该零件外轮廓结构比较复杂，内轮廓结构比较简单。外轮廓有几个二次曲线轮廓，尺寸公差较小，零件的表面粗糙度要求较严。加工时要注意二次曲线轮廓的位置及要求，能合理地使用切削用量，防止零件的精度超差。

2. 加工路线和装夹方法的确定

根据工艺清单的要求，该零件全部由数控车完成，但要注意保证尺寸的一致性。在数控车上车削时，使用自定心卡盘装夹零件外圆，粗加工零件的左端外轮廓部分切出 4mm 宽的外沟槽，掉头使用自定心卡盘装夹零件 φ48mm 外圆，先加工端面保证总长，手动钻 φ18mm 内孔，粗、精加工零件内轮廓部分，粗、精加工 M27 ×2mm 的细牙管螺纹，最后粗、精加工零件右端外轮廓部分。

3. 绘制零件内外轮廓循环车削加工工艺图

该零件轮廓较复杂，轮廓绘制方法与前面类似，主要是二次曲线的绘制。绘制二次曲线时应注意曲线公式及参数的设置方法。绘制零件的轮廓循环车削加工工艺图时，将坐标系原点选在零件的右端面和中心轴线的交点上，绘制出毛坯轮廓和零件实体。

4. 编制加工程序

根据零件的工艺清单、加工工艺图和实际加工情况，使用 CAXA 数控车 2011 软件的 CAM 部分完成零件的左端外轮廓粗精加工、右端内轮廓粗精加工，以及车削内螺纹、右端外轮廓粗精加工等刀具轨迹，实现仿真加工，合理设置机床的参数，生成加工程序代码。

8.5.2　零件加工建模

该零件的加工造型的方法有很多，读者应根据零件形状使用最快捷的绘图方法，将零件加工造型绘制出来。如图 8-131 所示，本实例对零件加工造型的步骤也不做详细的介绍，主要根据该零件的特点把二次曲线部分绘制出来。首先绘制好零件其他部分的轮廓，如图 8-132 所示。

零件二次曲线部分加工造型的方法及步骤如下。

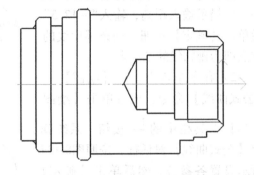

图 8-132　零件部分轮廓图

1. 绘制零件左端椭圆部分外轮廓

1）确定椭圆基准点。在菜单栏中选择【绘图】→【平行线】命令，或者单击【绘图】工具栏中的∥按钮，状态栏中提示拾取直线，选择 φ34mm 外圆右端端面，在立即菜单中选择【偏移方式】→【单向】选项，状态栏中提示输入距离，输入"–93.81"后单击【确定】按钮，该线与轴线的交点即为椭圆的基准点。

2）在菜单栏中选择【绘图】→【椭圆】命令，或者单击【绘图】工具栏中的⊕按钮，在弹出的立即菜单中选择【给定长半轴】选项，并设置【长半轴】为"30"，【短半轴】为"20"，【旋转角】为"30°"，【起始角】为"0°"，【终止角】为"360°"，状态栏中提示基准点应在绘图区，捕捉刚绘制的椭圆基准点，然后单击【确定】按钮，生成如图 8-133 所示的图形。

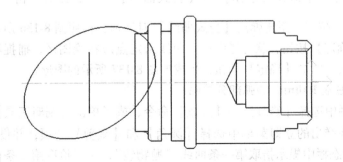

图 8-133　旋转椭圆外轮廓

2. 绘制零件右端抛物线部分外轮廓

1) 先作两条辅助线，以确定抛物线的基准点。在菜单栏中选择【绘图】→【平行线】命令，或者单击【绘图工具】工具栏中的 // 按钮，状态栏中提示拾取直线，选择轴线；在立即菜单中选择【偏移方式】选项→【单向】选项，状态栏中提示输入距离，输入"-20"后单击【确定】按钮。使用同样的方法，选择 φ50mm 外圆右端端面，状态栏中提示输入距离，输入"-12.5"后单击【确定】按钮。两条辅助线的交点即为抛物线的基准点。

2) 在菜单栏中选择【绘图】→【公式曲线】命令，或者单击【绘图工具】工具栏中的 按钮，系统弹出【公式曲线】对话框，按照图8-134所示设置各参数，然后单击【确定】按钮。状态栏中提示曲线给定点应在绘图区，捕捉刚绘制的抛物线基准点，单击【确定】按钮，生成如图 8-135 所示的图形。

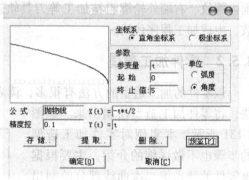

图 8-134 【公式曲线】对话框 1

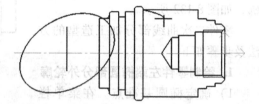

图 8-135 抛物线轮廓图

3. 绘制零件右端正弦曲线部分轮廓

1) 作一条辅助线，以确定正弦曲线的基准点。在菜单栏中选择【绘图】→【平行线】命令，或者单击【绘图工具】工具栏中的 // 按钮，状态栏中提示拾取直线，选择 φ40mm 外圆右端端面，在立即菜单中选择【偏移方式】→【单向】命令，状态栏中提示输入距离，输入"-20"后单击【确定】按钮，该线与 φ40mm 外圆延长线的交点即为正弦曲线的基准点。

2) 在菜单栏中选择【绘图】→【公式曲线】命令，或者单击【绘图工具】工具栏中的 按钮，系统弹出【公式曲线】对话框，按照图 8-136 所示设置各参数，单击【确定】按钮，状态栏中提示曲线给定点应在绘图区，捕捉刚绘制的正弦曲线基准点，单击【确定】按钮，生成如图 8-137 所示的图形。

4. 零件右端 R10mm 圆弧部分轮廓

在菜单栏中选择【修改】→【过渡】命令，或者单击【编辑工具】工具栏中的 按钮，在弹出的立即菜单中选择【圆角】和【裁剪】选项，并设置【半径】为"10"，状态栏中提示拾取第一条曲线"抛物线"，然后拾取第二条曲线"正弦曲线"，拾取完毕后即可生成 R10mm 圆弧。

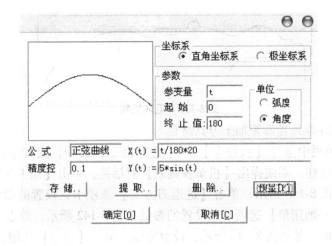

图 8-136　【公式曲线】对话框 2

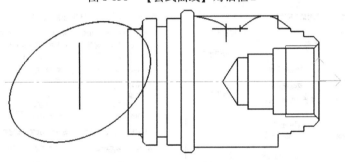

图 8-137　正弦曲线轮廓图

5．曲线裁剪和删除

在菜单栏中选择【修改】→【裁剪】和【删除】命令，或者单击【编辑】工具栏中的 和 按钮，在弹出的立即菜单中选择【快速裁剪】选项，状态栏中提示拾取要裁剪的曲线，用鼠标直接拾取被裁剪的线段即可直接删除没用的线段。拾取完毕后单击鼠标右键确定，得到如图 8-138 所示的图形。

图 8-138　修剪后的零件轮廓

8.5.3　刀位轨迹的生成

1．左端外轮廓轨迹生成

（1）左端外轮廓毛坯建模　根据零件的加工要求，设置零件毛坯尺寸。毛坯尺寸左端外圆为 φ60mm×125mm，端面预留 5mm，设定后的左端外毛坯如图 8-39 所示。

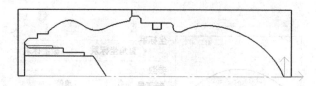

图 8-139　毛坯轮廓

（2）生成左端外轮廓粗加工刀具路径

1）在菜单栏中选择【数控车】→【轮廓粗车】命令，或者单击【数控车】工具栏中的█按钮，系统弹出【粗车参数表】对话框，单击【加工参数】选项卡，设置的参数如图 8-140 所示；单击【进退刀方式】选项卡，设置的参数如图 8-141 所示；单击【切削用量】选项卡，设置的参数如图 8-142 所示；单击【轮廓车刀】选项卡，设置的参数如图 8-143 所示，设置完成后单击【确定】按钮。

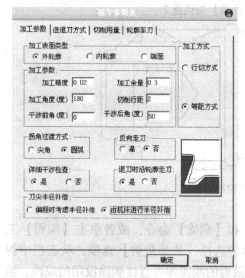

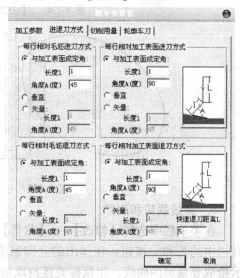

图 8-140　外轮廓粗车加工参数设置　　图 8-141　外轮廓粗车进退刀方式参数设置

2）在立即菜单中选择【单个拾取】选项，状态栏中提示"拾取被加工表面轮廓"，当拾取第一条轮廓线后，此轮廓线变成红色的虚线；系统提示"选择方向"，依次拾取加工表面轮廓线并单击鼠标右键确定；状态栏中提示"拾取定义的毛坯轮廓"，顺序拾取毛坯的轮廓线并单击鼠标右键确定；状态栏中提示"输入进退到点"，输入"7，32"后按回车键，生成如图 8-144 所示的刀具路径。

（3）生成左端外轮廓精加工刀具路径　在菜单栏中选择【数控车】→【轮廓精车】命令，或者单击【数控车】工具栏中的█按钮，系统弹出【精车参数表】对话框，单击【加工参数】选项卡，设置的参数如图 8-145 所示；单击【进退刀方式】选项卡，设置的参数如图 8-146 所示；单击【切削用量】选项卡，设置的参数如图 8-147 所示；单击【轮廓车刀】选项卡，设置的参数如图 8-148 所示，设置完成后单击【确定】按钮。

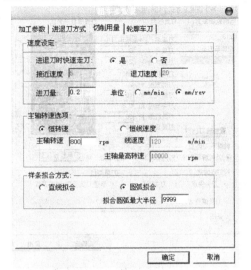

图 8-142　外轮廓粗车切削用量参数设置

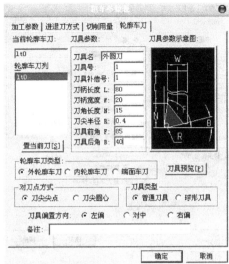

图 8-143　外轮廓粗车轮廓车刀参数设置

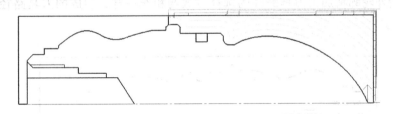

图 8-144　外轮廓粗加工刀具路径

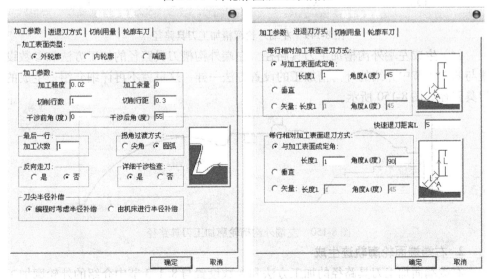

图 8-145　外轮廓精车加工参数设置　　　　图 8-146　外轮廓精车进退刀方式参数设置

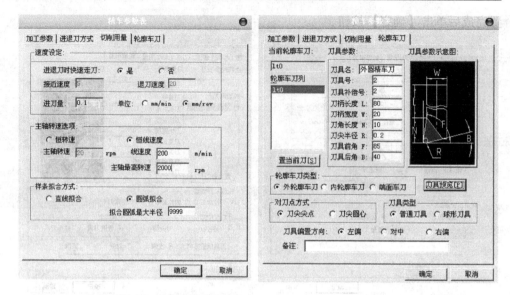

图 8-147　外轮廓精车切削用量参数设置　　　图 8-148　外轮廓精车轮廓车刀参数设置

左端外轮廓精加工刀具路径的选择方式与粗车一样，生成的刀具路径如图 8-149 所示。

图 8-149　左端外轮廓精加工刀具路径

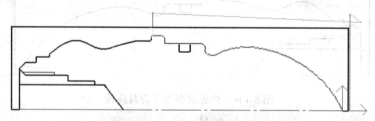

（4）生成左端外沟槽加工刀具路径　　左端外沟槽刀具路径的加工方法和参数设置与 8.1.3 节中介绍的外沟槽加工的设置方法一样，这里就不再详细介绍。生成的刀具路径如图 8-150 所示。

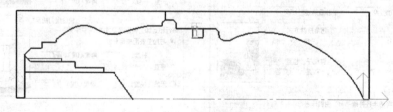

图 8-150　左端外沟槽轮廓加工刀具路径

2. 右端端面轮廓轨迹生成

右端端面加工刀具路径的加工方法和参数设置与 8.1.3 节中介绍的外轮廓加工的设置方法一样，这里就不再详细介绍。生成的刀具路径如图 8-151 所示。

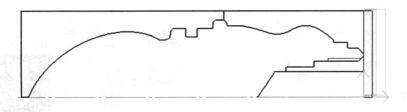

图 8-151　右端面轮廓加工刀具路径

3. 右端内轮廓粗精加工轨迹的生成

右端端面加工刀具路径的加工方法和参数设置与 8.2.3 节中介绍的内轮廓加工的设置方法一样，这里就不再详细介绍。

4. 右端外轮廓加工轨迹的生成

1）在菜单栏中选择【数控车】→【轮廓粗车】命令，或者单击【数控车】工具栏中的█按钮，系统弹出【粗车参数表】对话框，单击【加工参数】选项卡，设置的参数如图 8-152 所示；单击【进退刀方式】选项卡，设置的参数如图 8-153 所示；单击【切削用量】选项卡，设置的参数如图 8-154 所示；单击【轮廓车刀】选项卡，设置的参数如图 8-155 所示，设置完成后单击【确定】按钮。

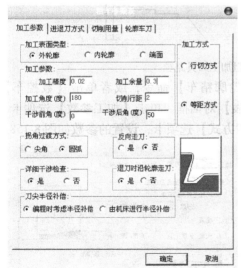

图 8-152　外轮廓粗车加工参数设置

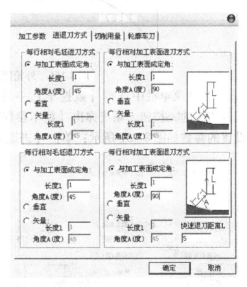

图 8-153　外轮廓粗车进退刀方式参数设置

2）在立即菜单中选择【单个拾取】选项，状态栏中提示"拾取被加工表面轮廓"，当拾取第一条轮廓线后，此轮廓线变成红色的虚线；系统提示"选择方向"，依次拾取加工表面轮廓线并单击鼠标右键确定；状态栏中提示"拾取定义的毛坯轮廓"顺序拾取毛坯的轮廓线并单击鼠标右键确定；状态栏中提示"输入进退到点"，输入"7，32"后按回车键，生成如图 8-156 所示的刀具路径。

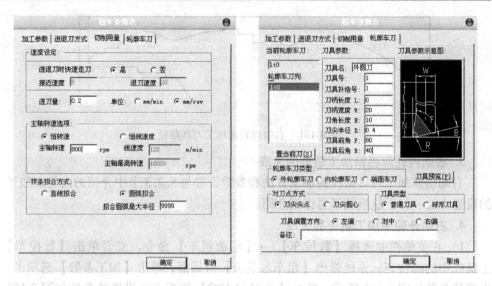

图 8-154　外轮廓粗车切削用量参数设置　　　图 8-155　外轮廓粗车轮廓车刀参数设置

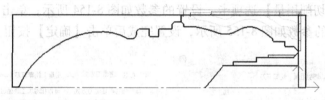

图 8-156　外轮廓粗加工刀具路径

3）在菜单栏中选择【数控车】→【轮廓精车】命令，或者单击【数控车】工具栏中的 ✎ 按钮，系统弹出【精车参数表】对话框，单击【加工参数】选项卡，设置的参数如图 8-157 所示；单击【进退刀方式】选项卡，设置的参数如图 8-158

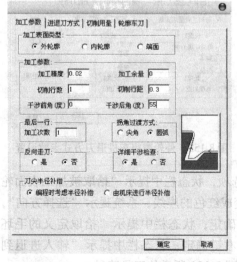
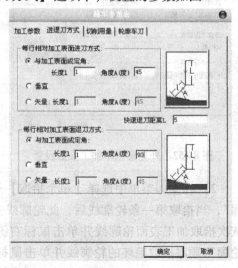

图 8-157　外轮廓精车加工参数设置　　　图 8-158　外轮廓精车进退刀方式参数设置

所示；单击【切削用量】选项卡，设置的参数如图 8-159 所示；单击【轮廓车刀】选项卡，设置的参数如图 8-160 所示，设置完成后单击【确定】按钮。

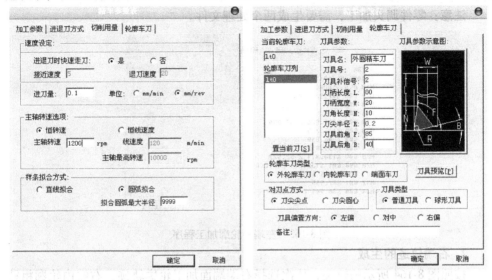

图 8-159　外轮廓精车切削用量参数设置　　　图 8-160　外轮廓精车轮廓车刀参数设置

外圆精车轮廓刀具路径的选择方式与粗车一样，生成的刀具路径如图 8-161 所示。

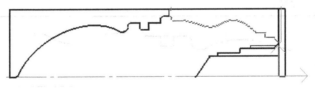

图 8-161　外轮廓精加工刀具路径

5. 右端内轮廓加工轨迹生成

右端内轮廓刀具路径的加工方法和参数设置与图 8-37 所示的内轮廓加工方法和参数设置相同，这里就不再详细介绍。

8.5.4　生成复杂零件的 NC 代码

1. 左端轨迹的生成

按照图 8-162 所示的轨迹，依次选择左端外轮廓粗加工轨迹 、外轮廓精加工

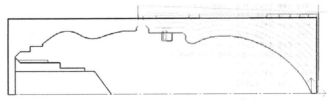

图 8-162　左端外轮廓加工轨迹

轨迹和外沟槽轮廓加工轨迹，单击鼠标右键确定，生成如图 8-163 所示的加工程序。

注意： 零件调头加工，需要生成两个处理文件。

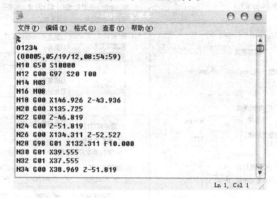

图 8-163　左端外轮廓加工程序

2. 右端轨迹的生成

按照图 8-164 所示的轨迹，依次选择右端端面加工轮廓轨迹、右端内轮廓粗精加工轨迹、内螺纹轮廓加工轨迹和外轮廓粗精加工轨迹，单击鼠标右键确定，生成如图 8-165 所示的加工程序。

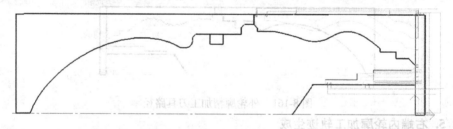

图 8-164　右端内外轮廓加工轨迹

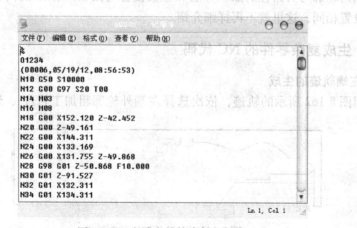

图 8-165　右端内外轮廓加工程序

附　　录

附录 A　CAXA 电子图板练习题

1. 参照图 A-1 绘制图形。请问图形中深色区域的面积是多少？

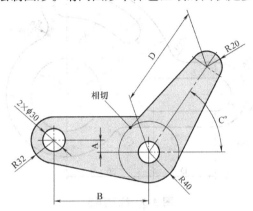

图 A-1　练习题 1

【答案】

A	B	C	D	面积
16	128	55	136	18188.25

2. 参照图 A-2 绘制图形，注意图中圆弧的相切、同心等几何关系。请问图形中深色区域的面积是多少？

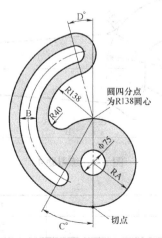

图 A-2　练习题 2

【答案】

A	B	C	D	面积
130	50	30	15	85337.90

3. 参照图 A-3 绘制图形，注意图中圆弧的相切、同心等几何关系。请问图形中深色区域的面积是多少？

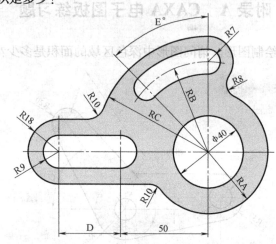

图 A-3　练习题 3

【答案】

A	B	C	D	E	面积
34	50	64	35	45	5312.41

4. 参照图 A-4 绘制图形，注意图中圆弧的相切、同心、对称等几何关系。请问图形中深色区域的面积是多少？

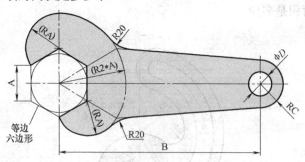

图 A-4　练习题 4

【答案】

A	B	C	D	面积
22	132	15	15	6120.23

5. 参照图 A-5 绘制图形，注意图中圆弧的相切、同心等几何关系。请问图形

中深色区域的面积是多少?

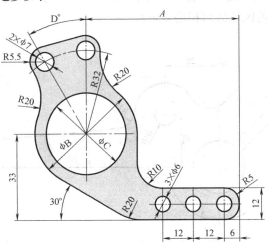

图 A-5　练习题 5

【答案】

A	B	C	D	面积
60	40	31	30	1567.79

6. 参照图 A-6 绘制图形,注意图中圆弧的相切、对称、同心、水平、重合等几何关系。请问图形中深色区域的面积是多少?

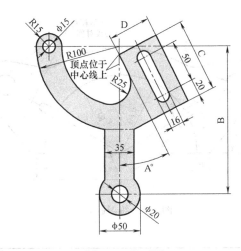

图 A-6　练习题 6

【答案】

A	B	C	D	面积
27	175	87	50	12402.69

7. 参照图 A-7 绘制图形，注意图中圆弧的相切、同心、对称、水平等几何关系。请问图形中深色区域的面积是多少？

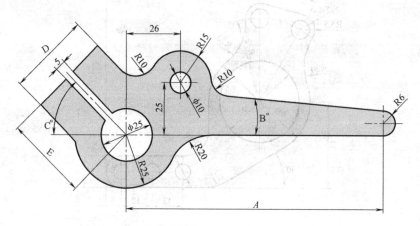

图 A-7 练习题 7

【答案】

A	B	C	D	E	面积
125	5	45	40	40	4327.19

8. 参照图 A-8 绘制图形，注意图中圆弧的对称、相切、同心等几何关系。请问图形中深色区域的面积是多少？

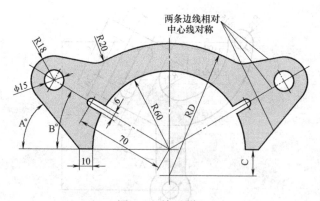

图 A-8 练习题 8

【答案】

A	B	C	D	面积
50	30	20	100	7441.75

9. 参照图 A-9 绘制图形，注意图中圆弧的相切、同心等几何关系。请问图形中深色区域的面积是多少？

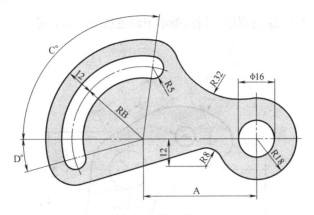

图 A-9　练习题 9

【答案】

A	B	C	D	面积
52	32	98	15	3799.62

10. 参考图 A-10 绘制图形，注意其中的水平、相切、重合、垂直等几何关系。
请问：

（1）直线段 x 的长度是多少？

（2）圆弧 y 的半径是多少？

（3）圆弧 z 的半径是多少？

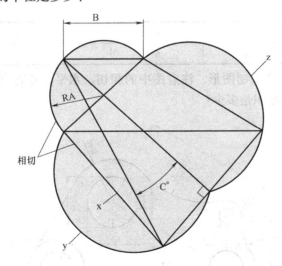

图 A-10　练习题 10

【答案】

A	B	C	x 长度	y 圆弧半径	z 圆弧半径
40	60	20	114.128	60.467	56.378

11. 参照图 A-11 绘制图形．请问图形中深色区域的面积是多少？

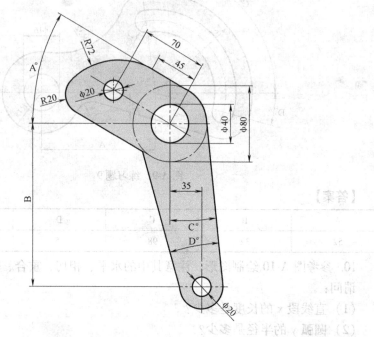

图 A-11　练习题 11

【答案】

A	B	C	D	面积
30	170	6	10	17765.92

12. 参照图 A-12 绘制图形，注意图中的相切、水平、竖直等几何关系。请问图形中深色区域的面积是多少？

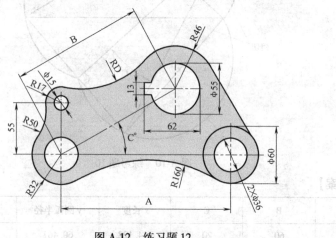

图 A-12　练习题 12

【答案】

A	B	C	D	面积
189	145	29	96	17446.37

13. 参照图 A-13 绘制图形。请问图形中深色区域的面积是多少？

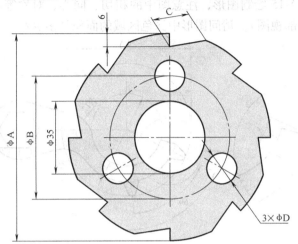

图 A-13　练习题 13

【答案】

A	B	C	D	面积
100	60	18	15	5854.98

14. 参照图 A-14 绘制图形，注意图中的同心、阵列等关系，图中颜色相同的线条均为等距偏移关系。请问图形中深色区域的面积是多少？

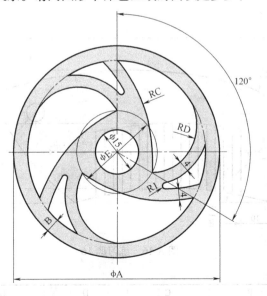

图 A-14　练习题 14

【答案】

A	B	C	D	E	面积
72	5	50	16	28	2093.95

15. 参照图 A-15 绘制图形，注意图中的相切、同心、对称等几何关系（左侧为展示细节的局部视图）。请问图形中深色区域的面积是多少？

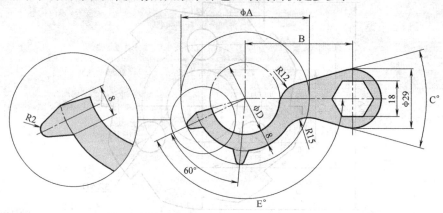

图 A-15　练习题 15

【答案】

A	B	C	D	E	面积
66	55	30	36	155	1333.46

16. 参照图 A-16 绘制图形，注意图中的相切、阵列等关系。请问图形中深色区域的面积是多少？

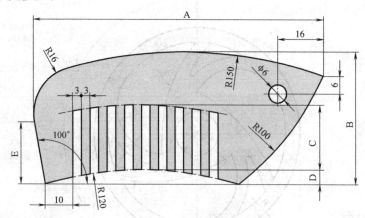

图 A-16　练习题 16

【答案】

A	B	C	D	E	面积
102	45	22	5	21	2908.86

17. 参照图 A-17 绘制图形，注意其中圆弧的相切、水平、竖直等几何关系。请问图形中深色区域的面积是多少？

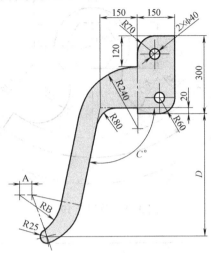

图 A-17　练习题 17

【答案】

A	B	C	D	面积
50	170	102	480	109099.61

18. 请参照图 A-18 绘制图形，注意图中的对称、同心等几何关系。请问图形中深色区域的面积是多少？

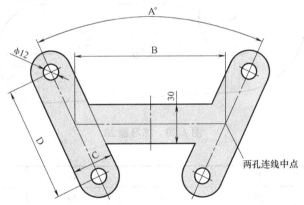

图 A-18　练习题 18

【答案】

A	B	C	D	面积
50	120	32	90	9456.86

19. 参照图 A-19 绘制图形，注意其中圆弧的相切、同心等几何关系。请问图

形中深色区域的面积是多少？

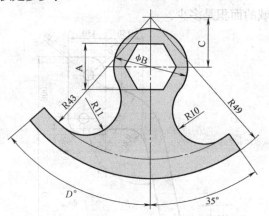

图 A-19　练习题 19

【答案】

A	B	C	D	面积
14	23	15	50	1069.58

20. 参照图 A-20 绘制图形，注意其中的中点、垂直、同心等几何关系。请问图形中深色区域的面积是多少？

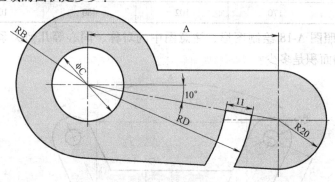

图 A-20　练习题 20

【答案】

A	B	C	D	面积
80	30	30	70	4648.95

附录 B　2011 年秋季学期全国大学生 CAD 类软件团队技能赛赛题一（二维 CAD 方向）

1. 参照图 B-1 绘制图形，注意其中圆弧的相切、同心等几何关系。请问图形中深色区域的面积是多少？（输入答案时请精确到小数点后两位，下同）

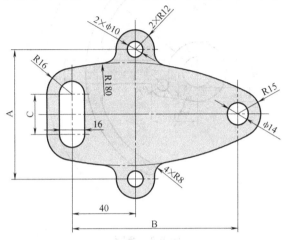

图 B-1　赛题 1

【答案】

A	B	C	面积
88	113	33	8196.11

注意：题图为示意图，只用于表达尺寸和几何关系，由于参数变化，其形态会有所变化。

2. 参照图 B-2 绘制草图轮廓。请问图中深色区域的面积是多少？

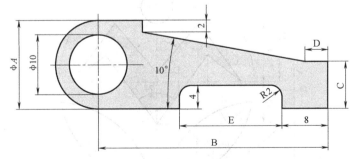

图 B-2　赛题 2

【答案】

A	B	C	D	E	面积
19	48	12	8	22	705.34

3. 参照图 B-3 绘制图形，注意其中的同心、对称、相切等几何关系。请问图形中深色区域的面积是多少？

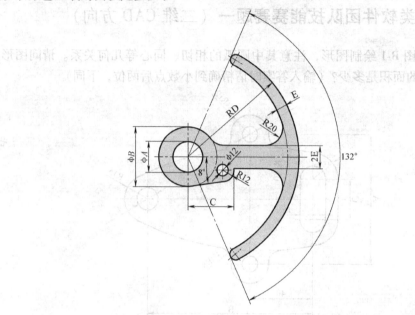

图 B-3　赛题 3

【答案】

A	B	C	D	E	面积
40	70	58	132	16	10404.20

4. 参照图 B-4 绘制图形，注意其中对称、平行等几何关系。请问图形中深色区域的面积是多少？

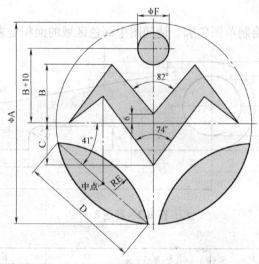

图 B-4　赛题 4

【答案】

A	B	C	D	E	F	面积
150	46	35	92	79	25	7930.39

5. 参照图 B-5 绘制图形，注意其中的同心、对称、相切等几何关系。双短线长度相等。请问图形中深色区域的面积是多少？

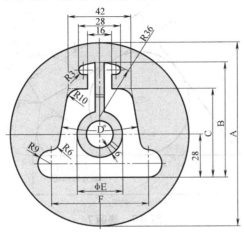

图 B-5　赛题 5

【答案】

A	B	C	D	E	F	面积
144	87	70	30	36	85	12087.35

6. 参照图 B-6 绘制图形，注意其中圆弧的相切、同心等几何关系。请问图形中深色区域的面积是多少？

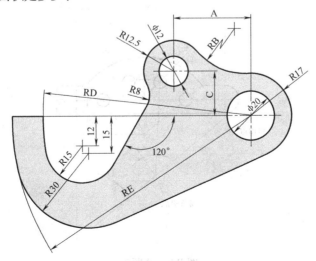

图 B-6　赛题 6

【答案】

A	B	C	D	E	面积
40	34	26	94	107	4277.39

7. 参照图 B-7 绘制图形，注意其中相切等几何关系。请问图形中深色区域的面积是多少？

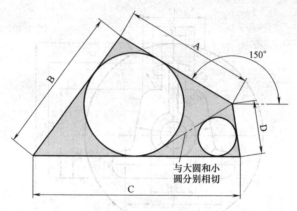

图 B-7　赛题 7

【答案】

A	B	C	D	面积
33	34	45	16	277.6

8. 参照图 B-8 绘制草图轮廓，注意线条之间的几何关系。

请问：（1）深色区域的面积是多少 mm^2？

　　　（2）E 的角度是多少？

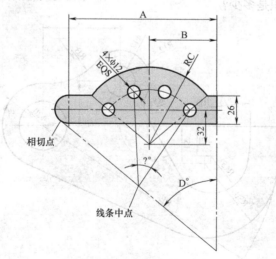

图 B-8　赛题 8

【答案】

A	B	C	D	面积	角度
173	82	84	52	8213.65	42.10

9. 参照图 B-9 绘制图形，注意其中的相切、同心、平行等几何关系，并且双线长度相等。请问图形中深色区域的面积是多少？

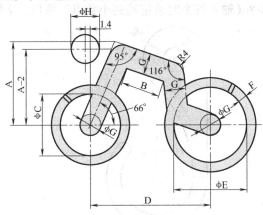

图 B-9　赛题 9

【答案】

A	B	C	D	E	F	G	H	面积
35	19	29	54	33	4.5	10	12	1960.49

附录 C   2011 年秋季学期全国大学生
CAD 类软件团队技能赛赛题二（二维 CAD 方向）

1. 参照图 C-1 绘制图形，注意其中的同心、相切等几何关系。请问图形中深色区域的面积是多少？（输入答案时请精确到小数点后两位，下同）

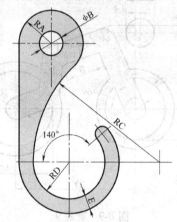

图 C-1   赛题 1

【答案】

A	B	C	D	E	面积
11	9	32	12	4	740.84

注意：题图为示意图，只用于表达尺寸和几何关系，由于参数变化，其形态会有所变化。

2. 参照图 C-2 绘制图形，注意其中的相切、同心等几何关系。请问图形中深色区域的面积是多少？

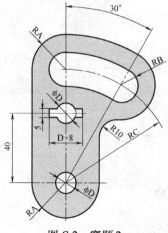

图 C-2   赛题 2

【答案】

A	B	C	D	面积
22	13	69	14	4219.47

3. 参照图 C-3 绘制图形，注意其中的平行、对称、共线、同心、阵列等几何关系。其中同色短线的长度相等。请问图形中深色区域的面积是多少？

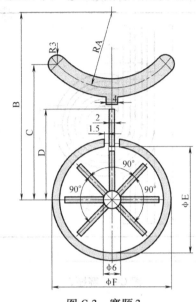

图 C-3　赛题3

【答案】

A	B	C	D	E	F	面积
29	68	48	32	39	44	869.25

4. 参照图 C-4 绘制图形，注意其中的相切、平行等几何关系。

请问：（1）图形中深色区域的面积是多少？

（2）X 的值是多少？

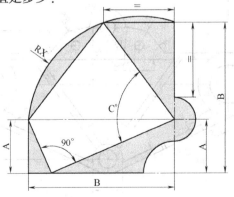

图 C-4　赛题4

【答案】

A	B	C	面积	X
46	105	82	3824.35	84.38

5. 参照图 C-5 绘制图形，注意其中的同心、相切等几何关系，并且双线线段的长度相等。请问图形中深色区域的面积是多少？

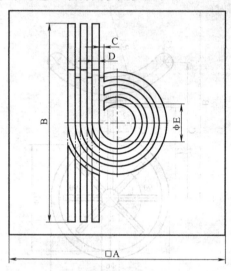

图 C-5　赛题 5

【答案】

A	B	C	D	E	面积
120	98	3.2	4.2	18	12291.84

6. 参照图 C-6 绘制图形，注意其中的同心、对称等几何关系，并且双短线的长度相等。请问图形中深色区域的面积是多少？

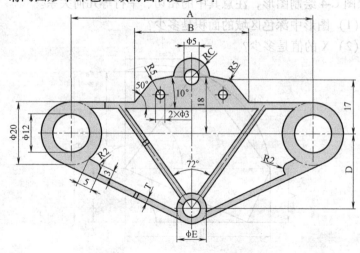

图 C-6　赛题 6

【答案】

A	B	C	D	E	T	面积
128	68	9	36	16	3.8	2451.68

7. 参照图 C-7 绘制图形。注意其中的平行、相切等几何关系。请问：

（1）X 的值是多少？

（2）Y 的值是多少？

（3）图形中深色区域的面积是多少？

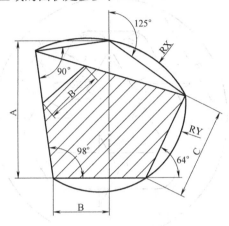

图 C-7　赛题 7

【答案】

A	B	C	X	Y	面积
90	37	52	85.28	60.79	5605.94

8. 参照图 C-8 绘制图形。注意其中的平行、阵列等几何关系。请问：

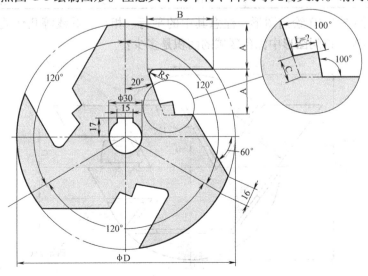

图 C-8　赛题 8

（1）L 的长度是多少？

（2）图形中深色区域的面积是多少？

【答案】

A	B	C	D	L	面积
52	72	16	230	18.54	26624.68

9. 参照图 C-9 绘制图形。请问图形中深色区域的面积是多少？

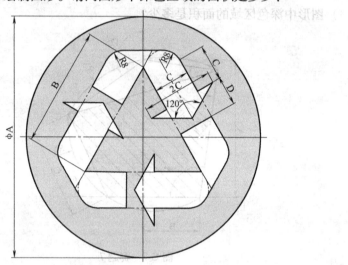

图 C-9　赛题 9

【答案】

A	B	C	D	面积
130	74	18	15	9034

10. 参照图 C-10 绘制图形，注意其中的平行、相切、共线等几何关系，图中双线长度相等。请问图形中深色区域的面积是多少？

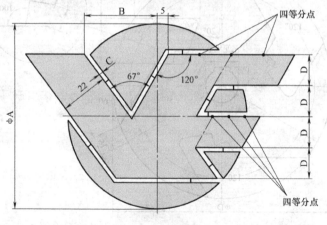

图 C-10　赛题 10

【答案】

A	B	C	D	面积
107	40	3.2	20	9046.53

附录 D　CAXA 数控车造型与编程题

1. 已知毛坯尺寸为 φ26mm×160mm，材质为 45 调质钢。根据图 D-1 所示的零件图尺寸，完成零件的车削加工造型（建模），生成加工轨迹，并根据 FAUNC-0i 系统要求进行后置处理，生成 CAM 编程 NC 代码。

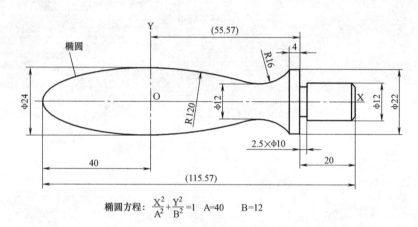

椭圆方程：$\dfrac{X^2}{A^2}+\dfrac{Y^2}{B^2}=1$　A=40　　B=12

图 D-1　造型与编程题 1

2. 已知毛坯尺寸为 φ70mm×180mm，材质为 45 调质钢。根据图 D-2 所示的零件尺寸，完成零件的车削加工造型（建模），生成加工轨迹，并根据 FAUNC-0i 系统要求进行后置处理，生成 CAM 编程 NC 代码。

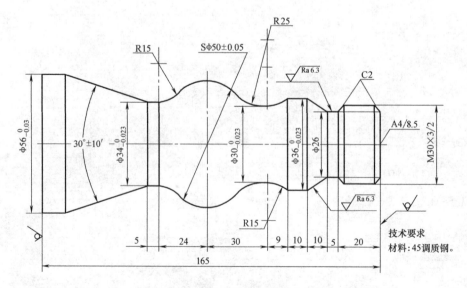

技术要求
材料：45调质钢。

图 D-2　造型与编程题 2

3. 已知毛坯尺寸为 φ60mm×150mm，材质为 45 调质钢，根据图 D-3 所示的零件图尺寸，完成零件的车削加工造型（建模），生成加工轨迹，并根据 FAUNC-0i 系统要求进行后置处理，生成 CAM 编程 NC 代码。

材料：45 调质钢

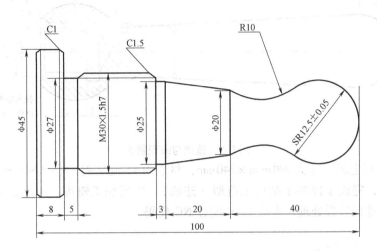

图 D-3　造型与编程题 3

4. 已知毛坯尺寸为 φ40mm×140mm，材质为 45 调质钢，根据图 D-4 所示的零件图尺寸，完成零件的车削加工造型（建模），生成加工轨迹，并根据 FAUNC-0i 系统要求进行后置处理，生成 CAM 编程 NC 代码。

材料：45 调质钢

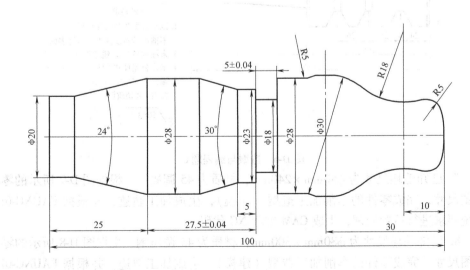

图 D-4　造型与编程题 4

5. 已知毛坯尺寸为 φ50mm×200mm，材质为 45 调质钢，根据图 D-5 所示的零件图尺寸，完成零件的车削加工造型（建模），生成加工轨迹，并根据 FAUNC-0i 系统要求进行后置处理，生成 CAM 编程 NC 代码。

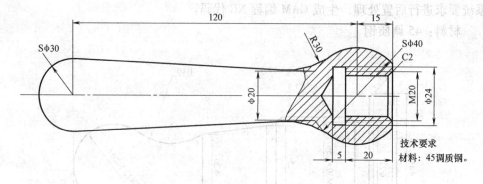

图 D-5　造型与编程题 5

6. 已知毛坯尺寸为 φ80mm×240mm，材质为 45 调质钢，根据图 D-6 所示的零件图尺寸，完成零件的车削加工造型（建模），生成加工轨迹，并根据 FAUNC-0i 系统要求进行后置处理，生成 CAM 编程 NC 代码。

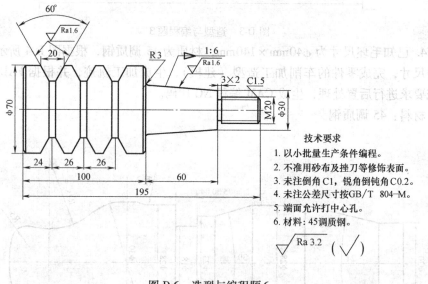

技术要求
1. 以小批量生产条件编程。
2. 不准用砂布及挫刀等修饰表面。
3. 未注倒角 C1，锐角倒钝角 C0.2。
4. 未注公差尺寸按 GB/T 804–M。
5. 端面允许打中心孔。
6. 材料：45 调质钢。

图 D-6　造型与编程题 6

7. 已知毛坯尺寸为 φ80mm×240mm，材质为 45 调质钢，根据图 D-7 所示的零件图尺寸，完成零件的车削加工造型（建模），生成加工轨迹，并根据 FAUNC-0i 系统要求进行后置处理，生成 CAM 编程 NC 代码。

8. 已知毛坯尺寸为 φ80mm×300mm，材质为 45 调质钢，根据图 D-8 所示的零件图尺寸，完成零件的车削加工造型（建模），生成加工轨迹，并根据 FAUNC-0i 系统要求进行后置处理，生成 CAM 编程 NC 代码。

9. 已知毛坯尺寸为 φ60×190，材质为 45 调质钢，根据 D-9 所示零件图尺寸，

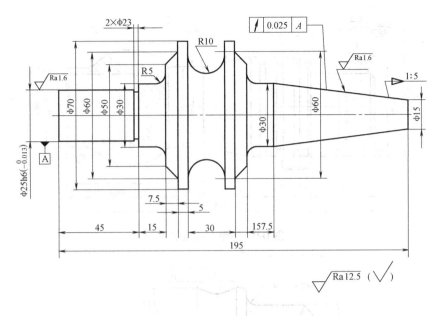

图 D-7　造型与编程题 7

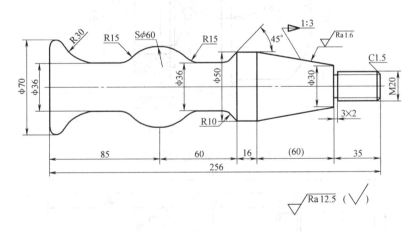

图 D-8　造型与编程题 8

完成零件的车削加工造型（建模），生成加工轨迹，根据 FAUNC-0i 系统要求进行后置处理，生成 CAM 编程 NC 代码。

10. 已知毛坯尺寸为 φ70 × 110，材质为 45 调质钢，根据 D-10 所示零件图尺寸，完成零件的车削加工造型（建模），生成加工轨迹，根据 FAUNC-0i 系统要求进行后置处理，生成 CAM 编程 NC 代码。

11. 已知毛坯尺寸为 φ60mm × 150mm，材质为 45 调质钢，根据图 D-11 所示的零件图尺寸，完成零件的车削加工造型（建模），生成加工轨迹，并根据 FAUNC-0i 系统要求进行后置处理，生成 CAM 编程 NC 代码。

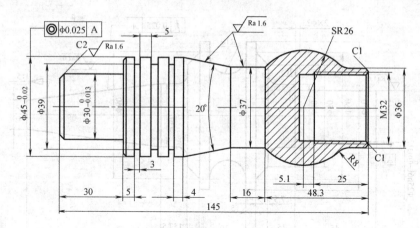

图 D-9　造型与编程题 9

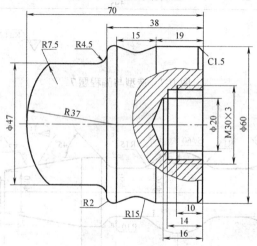

图 D-10　造型与编程题 10

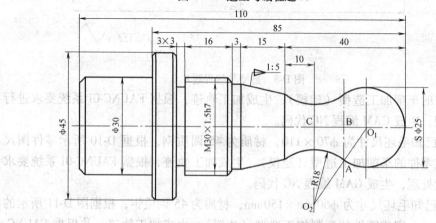

图 D-11　造型与编程题 11

参 考 文 献

[1]　马希青. CAXA 电子图板教程[M]. 北京：冶金工业出版社，2008.

[2]　宛剑业，等. CAXA 数控车实用教程[M]. 北京：化学工业出版社，2005.

[3]　高晓东. CAD/CAM 软件应用技术基础——CAXA 数控车 2008[M]. 北京：人民邮电出版社，2011.

参 考 文 献

[1] 胡仁喜. CAXA 电子图板实例教程[M]. 北京: 化学工业出版社, 2008.
[2] 李鸿波. 等. CAXA 软件实用培训教程[M]. 北京: 化学工业出版社, 2005.
[3] 陈德本. CAD/CAM 软件应用技术基础——CAXA 教育版 2008[M]. 北京: 人民邮电出版社, 2011.